"十四五"时期国家重点出版物出版专项规划项目

中国石油二氧化碳捕集、利用与封存（CCUS）技术丛书

主编　张道伟

石油工业CCUS发展概论

张烈辉　王　峰　◎等编著

石油工业出版社

内 容 提 要

本书全面介绍了"双碳"背景下的能源发展现状相应机遇、挑战、发展 CCUS 的意义，介绍了国内外 CCUS 的发展历程和商业模式，CCUS 技术现状及相应案例以及 CCUS 政策体系，总结了石油企业 CCUS 规划设计原则、理论方法及应用并提出了促进其发展的若干建议。

本书可供从事二氧化碳捕集、利用与封存工作的管理人员及工程技术人员使用，也可作为石油企业培训用书、石油院校相关专业师生参考用书。

图书在版编目（CIP）数据

石油工业 CCUS 发展概论 / 张烈辉等编著 . —北京：石油工业出版社，2023.8

（中国石油二氧化碳捕集、利用与封存（CCUS）技术丛书）

ISBN 978-7-5183-6020-8

Ⅰ . ①石… Ⅱ . ①张… Ⅲ . ①石油工业 – 二氧化碳 – 收集 – 研究 Ⅳ. ① X701.7

中国国家版本馆 CIP 数据核字（2023）第 095875 号

出版发行：石油工业出版社
　　　　　（北京安定门外安华里 2 区 1 号　100011）
　　　　网　　址：www.petropub.com
　　　　编辑部：（010）64523541
　　　　图书营销中心：（010）64523633
经　　销：全国新华书店
印　　刷：北京中石油彩色印刷有限责任公司

2023 年 8 月第 1 版　2023 年 8 月第 1 次印刷
787×1092 毫米　开本：1/16　印张：11.25
字数：160 千字

定价：100.00 元
（如出现印装质量问题，我社图书营销中心负责调换）

《石油工业 CCUS 发展概论》
编写组

组　长：张烈辉　王　峰（吉林）

成　员：（按姓氏笔画排序）

马　锋　王　峰（华北）　王子逸　王晓辉

王高峰　田　闯　刘一唯　孙博尧　李　清

李占伟　李明卓　李金龙　杨　勃　闵　超

张云海　张德平　赵玉龙　郝　昊　曹　成

谢泽豪　潘若生

>>> **序 一**

　　自 1992 年 143 个国家签署《联合国气候变化框架公约》以来，为了减少大气中二氧化碳等温室气体的含量，各国科学家和研究人员就开始积极寻求埋存二氧化碳的途径和技术。近年来，国内外应对气候变化的形势和政策都发生了较大改变，二氧化碳捕集、利用与封存（Carbon Capture, Utilization and Storage, 简称 CCUS）技术呈现出新技术不断涌现、种类持续增多、能耗成本逐步降低、技术含量更高、应用更为广泛的发展趋势和特点，CCUS 技术内涵和外延得到进一步丰富和拓展。

　　2006 年，中国石油天然气集团公司（简称中国石油）与中国科学院、国务院教育部专家一道，发起研讨 CCUS 产业技术的香山科学会议。沈平平教授在会议上做了关于"温室气体地下封存及其在提高石油采收率中的资源化利用"的报告，结合我国国情，提出了发展 CCUS 产业技术的建议，自此中国大规模集中力量的攻关研究拉开序幕。2020 年 9 月，我国提出力争 2030 年前二氧化碳排放达到峰值，努力争取 2060 年前实现碳中和，并将"双碳"目标列为国家战略积极推进。中国石油积极响应，将 CCUS 作为"兜底"技术加快研究实施。根据利用方式的不同，CCUS 中的利用（U）可以分为油气藏利用（CCUS-EOR/EGR）、化工利用、生物利用等方式。其中，二氧化碳捕集、驱油与埋存

（CCUS-EOR）具有大幅度提高石油采收率和埋碳减排的双重效益，是目前最为现实可行、应用规模最大的CCUS技术，其大规模深度碳减排能力已得到实践证明，应用前景广阔。同时通过形成二氧化碳捕集、运输、驱油与埋存产业链和产业集群，将为"增油埋碳"作出更大贡献。

实干兴邦，中国CCUS在行动。近20年，中国石油在CCUS-EOR领域先后牵头组织承担国家重点基础研究发展计划（简称"973计划"）（两期）、国家高技术研究发展计划（简称"863计划"）和国家科技重大专项项目（三期）攻关，在基础理论研究、关键技术攻关、全国主要油气盆地的驱油与碳埋存潜力评价等方面取得了系统的研究成果，发展形成了适合中国地质特点的二氧化碳捕集、埋存及高效利用技术体系，研究给出了驱油与碳埋存的巨大潜力。特别是吉林油田实现了CCUS-EOR全流程一体化技术体系和方法，密闭安全稳定运行十余年，实现了技术引领，取得了显著的经济效益和社会效益，积累了丰富的CCUS-EOR技术矿场应用宝贵经验。2022年，中国石油CCUS项目年注入二氧化碳突破百万吨，年产油量31万吨，累计注入二氧化碳约560万吨，相当于种植5000万棵树的净化效果，或者相当于350万辆经济型小汽车停开一年的减排量。经过长期持续规模化实践，探索催生了一大批CCUS原创技术。根据吉林油田、大庆油田等示范工程结果显示，CCUS-EOR技术可提高油田采收率10%~25%，每注入2~3吨二氧化碳可增产1吨原油，增油与埋存优势显著。中国石油强力推动CCUS-EOR工作进展，预计

2025—2030 年实现年注入二氧化碳规模 500 万~2000 万吨、年产油 150 万~600 万吨；预期 2050—2060 年实现年埋存二氧化碳达到亿吨级规模，将为我国"双碳"目标的实现作出重要贡献。

厚积成典，品味书香正当时。为了更好地系统总结 CCUS 科研和试验成果，推动 CCUS 理论创新和技术发展，中国石油组织实践经验丰富的行业专家撰写了《中国石油二氧化碳捕集、利用与封存（CCUS）技术丛书》。该套丛书包括《石油工业 CCUS 发展概论》《石油行业碳捕集技术》《超临界二氧化碳混相驱油机理》《CCUS-EOR 油藏工程设计技术》《CCUS-EOR 注采工程技术》《CCUS-EOR 地面工程技术》《CCUS-EOR 全过程风险识别与管控》7 个分册。该丛书是中国第一套全技术系列、全方位阐述 CCUS 技术在石油工业应用的技术丛书，是一套建立在扎实实践基础上的富有系统性、可操作性和创新性的丛书，值得从事 CCUS 的技术人员、管理人员和学者学习参考。

我相信，该丛书的出版将有力推动我国 CCUS 技术发展和有效规模应用，为保障国家能源安全和"双碳"目标实现作出应有的贡献。

中国工程院院士 袁士义

序 二

    宇宙浩瀚无垠，地球生机盎然。地球形成于约 46 亿年前，而人类诞生于约 600 万年前。人类文明发展史同时也是一部人类能源利用史。能源作为推动文明发展的基石，在人类文明发展历程中经历薪柴时代、煤炭时代、油气时代、新能源时代，不断发展、不断进步。当前，世界能源格局呈现出"两带三中心"的生产和消费空间分布格局。美国页岩革命和能源独立战略推动全球油气生产趋向西移，并最终形成中东—独联体和美洲两个油气生产带。随着中国、印度等新兴经济体的快速崛起，亚太地区的需求引领世界石油需求增长，全球形成北美、亚太、欧洲三大油气消费中心。

    人类活动，改变地球。伴随工业化发展、化石燃料消耗，大气圈中二氧化碳浓度急剧增加。2022 年能源相关二氧化碳排放量约占全球二氧化碳排放总量的 87%，化石能源燃烧是全球二氧化碳排放的主要来源。以二氧化碳为代表的温室气体过度排放，导致全球平均气温不断升高，引发了诸如冰川消融、海平面上升、海水酸化、生态系统破坏等一系列极端气候事件，对自然生态环境产生重大影响，也对人类经济社会发展构成重大威胁。2020 年全球平均气温约 15℃，较工业化前期气温（1850—1900 年平均值）高出 1.2℃。2021 年联合国气候变化大会将"到本世纪末控制全球温度升高 1.5℃" 作为确保人类能够在地球上永续生存的目标之一，并全方位努力推动能源体系向化石能源低碳化、无碳化发展。减少大气圈内二氧化碳含量成为碳达峰与碳中和的关键。

气候变化，全球行动。2020 年 9 月 22 日，中国在联合国大会一般性辩论上向全世界宣布，中国将提高国家自主贡献力度，采取更加有力的政策和措施，力争于 2030 年前将二氧化碳排放量达到峰值，努力争取于 2060 年前实现碳中和。中国是全球应对气候变化工作的参与者、贡献者和引领者，推动了《联合国气候变化框架公约》《京都议定书》《巴黎协定》等一系列条约的达成和生效。

守护家园，大国担当。20 世纪 60 年代，中国就在大庆油田探索二氧化碳驱油技术，先后开展了国家"973 计划""863 计划"及国家科技重大专项等科技攻关，建成了吉林油田、长庆油田的二氧化碳驱油与封存示范区。截至 2022 年底，中国累计注入二氧化碳超过 760 万吨，中国石油累计注入超过 560 万吨，占全国 70% 左右。CCUS 试验包括吉林油田、大庆油田、长庆油田和新疆油田等试验区的项目，其中吉林油田现场 CCUS 已连续监测 14 年以上，验证了油藏封存安全性。从衰竭型油藏封存量看，在松辽盆地、渤海湾盆地、鄂尔多斯盆地和准噶尔盆地，通过二氧化碳提高石油采收率技术（CO_2-EOR）可以封存约 51 亿吨二氧化碳；从衰竭型气藏封存量看，在鄂尔多斯盆地、四川盆地、渤海湾盆地和塔里木盆地，利用枯竭气藏可以封存约 153 亿吨二氧化碳，通过二氧化碳提高天然气采收率技术（CO_2-EGR）可以封存约 90 亿吨二氧化碳。

久久为功，众志成典。石油领域多位权威专家分享他们多年从事二氧化碳捕集、利用与封存工作的智慧与经验，通过梳理、总结、凝练，编写出版《中国石油二氧化碳捕集、利用与封存（CCUS）技术丛书》。丛书共有 7 个分册，包含石油领域二氧化碳捕集、储存、驱油、封存等相关理论与技术、风险识别与管控、政策和发展战略等。该丛书是目前中国第一套全面系统论述CCUS 技术的丛书。从字里行间不仅能体会到石油科技创新的重要作用，也反映出石油行业的作为与担当，值得能源行业学习与借鉴。该丛书的出版将对中国实现"双碳"目标起到积极的示范和推动作用。

　　面向未来，敢为人先。石油行业必将在保障国家能源供给安全、实现碳中和目标、建设"绿色地球"、推动人类社会与自然环境的和谐发展中发挥中流砥柱的作用，持续贡献石油智慧和力量。

中国科学院院士　邹才能

中国于 2020 年 9 月 22 日向世界承诺实现碳达峰碳中和，以助力达成全球气候变化控制目标。控制碳排放、实现碳中和的主要途径包括节约能源、清洁能源开发利用、经济结构转型和碳封存等。作为碳中和技术体系的重要构成，CCUS 技术实现了二氧化碳封存与资源化利用相结合，是符合中国国情的控制温室气体排放的技术途径，被视为碳捕集与封存（Carbon Capture and Storage，简称 CCS）技术的新发展。

驱油类 CCUS 是将二氧化碳捕集后运输到油田，再注入油藏驱油提高采收率，并实现永久碳埋存，常用 CCUS-EOR 表示。由此可见，CCUS-EOR 技术与传统的二氧化碳驱油技术的内涵有所不同，后者可以只包括注入、驱替、采出和处理这几个环节，而前者还包括捕集、运输与封存相关内容。CCUS-EOR 的大规模深度碳减排能力已被实践证明，是目前最为重要的 CCUS 技术方向。中国石油 CCUS-EOR 资源潜力逾 67 亿吨，具备上产千万吨的物质基础，对于 1 亿吨原油长期稳产和大幅度提高采收率有重要意义。多年来，在国家有关部委支持下，中国石油组织实施了一批 CCUS 产业技术研发重大项目，取得了一批重要技术成果，在吉林油田建成了国内首套 CCUS-EOR 全流程一体化密闭系统，安全稳定运行十余年，以"CCUS+新能源"实现了油气的绿色负碳开发，积累了丰富的 CCUS-EOR 技术矿场应用宝贵经验。

理论来源于实践，实践推动理论发展。经验新知理论化系统化，关键技术有形化资产化是科技创新和生产经营进步的表现方式和有效路径。中国石油汇聚 CCUS 全产业链理论与技术，出版了《中国石油二氧化碳捕集、利用与封存（CCUS）技术丛书》，丛书包括《石油工业 CCUS 发展概论》《石油行业碳捕集技术》《超临界二氧化碳混相驱油机理》《CCUS-EOR 油藏工程设计技术》《CCUS-EOR 注采工程技术》《CCUS-EOR 地面工程技术》《CCUS-EOR 全过程风险识别与管控》7 个分册，首次对 CCUS-EOR 全流程包括碳捕集、碳输送、碳驱油、碳埋存等各个环节的关键技术、创新技术、实用方法和实践认识等进行了全面总结、详细阐述。

《中国石油二氧化碳捕集、利用与封存（CCUS）技术丛书》于 2021 年底在世纪疫情中启动编撰，丛书编撰办公室组织中国石油油气和新能源分公司、中国石油吉林油田分公司、中国石油勘探开发研究院、中国昆仑工程有限公司、中国寰球工程有限公司和西南石油大学的专家学者，通过线上会议设计图书框架、安排分册作者、部署编写进度；在成稿过程中，多次组织"线上＋线下"会议研讨各分册主体内容，并以函询形式进行专家审稿；2023 年 7 月丛书出版在望时，组织了全体参编单位的线下审稿定稿会。历时两年集结成册，千锤百炼定稿，颇为不易！

本套丛书荣耀入选"十四五"国家重点出版物出版规划，各参编单位和石油工业出版社共同做了大量工作，促成本套丛书出版成为国家级重大出版工程。在此，我谨代表丛书编委会对所有参与丛书编写的作者、审稿专家和对本套丛书出版作出贡献的同志们表示衷心感谢！在丛书编写过程中，还得到袁士义院士、胡文瑞院士、邹才能院士、刘合院士、沈平平教授和赵金洲教授等学者的大力支持，在此表示诚挚的谢意！

CCUS 方兴未艾，产业技术呈现新项目快速增加、新技术持续迭代以及跨行业、跨地区、跨部门联合运行等特点。衷心希望本套丛书能为从事 CCUS 事业的相关人员提供借鉴与帮助，助力鄂尔多斯、准噶尔和松辽三个千万吨级驱油与埋存"超级盆地"建设，推动我国 CCUS 全产业链技术进步，为实现国家"双碳"目标和能源行业战略转型贡献中国石油力量！

徐道伟

2023 年 8 月

中共中央、国务院先后印发《关于完整准确全面贯彻新发展理念做好碳达峰碳中和工作的意见》《2030年前碳达峰行动方案》等指导文件，对能源工业、城乡建设和交通运输等重点用能领域提出碳减排、碳达峰的总体部署，共同构建了我国实现碳达峰碳中和"1+N"政策体系的顶层设计和战略路径。"双碳"目标的提出不仅是我国向世界做出应对气候变化的庄严承诺，同时也为我国社会经济绿色低碳发展指明了方向。二氧化碳捕集、利用与封存（CCUS）技术有望实现化石能源利用的近零排放，CCUS的发展离不开石油工业的支撑。

本书由西南石油大学、吉林油田、中国石油勘探开发研究院的专家学者联合编写，围绕石油工业的CCUS发展概论，第一章全面介绍了"双碳"背景下的能源发展现状和相应机遇、挑战以及发展CCUS的意义，由张烈辉、曹成、赵玉龙、杨勃等编写。第二章系统地介绍了国内外CCUS的发展历程，由张烈辉、曹成、赵玉龙、杨勃等编写。第三章全面介绍了CCUS技术体系，由王峰（吉林）、张烈辉、王峰（华北）、张德平、李占伟、张云海、李清、李金龙、曹成、赵玉龙、潘若生、孙博尧、马锋、刘一唯、杨勃、郝昊、李明卓、田闯、谢泽豪、王晓辉等编写。第四章着重介绍了国内外CCUS政策体系以及未来发展方向，由张烈辉、曹成、赵玉龙、王子逸等编写。第五章系统总结了石油企业 CCUS 规划设计，由张烈辉、闵超、王高峰等编写。第六章介绍石油工业 CCUS 发展展望，由王峰（吉林）、王峰（华北）、张德平、李占伟等编写。

本书出版受中国石油天然气集团有限公司资助并得到了国家自然科学基金重点基金项目"海相页岩水平井超临界二氧化碳压裂机理与一体化模拟研究"（编号：52234003）的资助。在本书编写过程中得到了胡永乐、陈丙春等专家的鼎力支持。谨在本书出版之际，在此表示衷心的感谢！

鉴于笔者水平有限，本书疏漏之处在所难免，敬请读者批评指正。

目 录

第一章 "双碳"背景下的能源发展 ┄┄┄┄┄┄┄┄┄ 1

第一节 "双碳"背景下的我国能源转型 ┄┄┄┄┄ 1

第二节 "双碳"背景下石油工业的机遇与挑战 ┄┄┄┄ 10

第三节 "双碳"背景下发展 CCUS 的意义 ┄┄┄┄┄ 13

参考文献 ┄┄┄┄┄┄┄┄┄┄┄┄┄ 23

第二章 CCUS 发展历程 ┄┄┄┄┄┄┄┄┄┄┄┄ 26

第一节 国外 CCUS 发展历程 ┄┄┄┄┄┄┄┄ 27

第二节 国内 CCUS 发展历程 ┄┄┄┄┄┄┄┄ 31

参考文献 ┄┄┄┄┄┄┄┄┄┄┄┄┄ 43

第三章 CCUS 技术体系 ┄┄┄┄┄┄┄┄┄┄┄┄ 44

第一节 国内外研究现状 ┄┄┄┄┄┄┄┄┄┄ 45

第二节 二氧化碳捕集技术 ┄┄┄┄┄┄┄┄┄ 47

第三节 二氧化碳输送技术 ┄┄┄┄┄┄┄┄┄ 57

第四节 二氧化碳驱油技术 ┄┄┄┄┄┄┄┄┄ 63

第五节 二氧化碳埋存技术 ┄┄┄┄┄┄┄┄┄ 68

第六节 吉林油田 CCUS 全流程技术体系 ┄┄┄┄┄┄ 82

参考文献 ┄┄┄┄┄┄┄┄┄┄┄┄┄ 90

第四章 CCUS 政策体系 ┄┄┄┄┄┄┄┄┄┄┄┄ 95

第一节 CCUS 政策体系现状 ┄┄┄┄┄┄┄┄ 95

第二节 中国 CCUS 政策体系发展方向 ┄┄┄┄┄┄ 115

参考文献 ┄┄┄┄┄┄┄┄┄┄┄┄┄ 116

第五章　石油企业 CCUS 规划设计 ·············· 119

　　第一节　CCUS 规划原则与内容 ·············· 119

　　第二节　CCUS 源汇规划理论与方法 ·············· 127

　　参考文献 ·············· 150

第六章　石油工业 CCUS 发展展望 ·············· 151

　　第一节　CCUS 发展方向 ·············· 151

　　第二节　CCUS 发展建议 ·············· 152

　　参考文献 ·············· 155

附录·············· 156

第一章 "双碳"背景下的能源发展

能源一直是人类社会活动中不可缺少的一环，是其他一切工业社会活动的基础。近年来虽然水电、核电、风电、太阳能发电等非化石能源高速发展，但目前全球的能源供给仍是以煤炭、石油及天然气为代表的化石能源为主。化石能源的燃烧除了带来人类社会的发展和变革，同时也造成了大量 CO_2 等温室气体的排放，使得全球气候急剧变化，已经严重影响地球生态，以极端天气、旱涝灾害、致命热浪及生态系统改变等气候灾难比以往更容易发生[1]。如果不采取措施控制碳排放，大气中 CO_2 浓度的持续增高会引起更具灾难性的全球气候变化，威胁人类自身发展。因此，控制碳排放迫在眉睫。

第一节 "双碳"背景下的我国能源转型

全球的碳排放量逐年稳定增长，2020 年虽然受疫情影响碳排放量出现了短暂的降低，但 2021 年后又反弹至有史以来的最高水平。图 1-1 是全球历年的碳排放量图［由 Our World In Data 网站仅针对化石燃料和工业过程（如水泥生产）中的碳排放量做出的估算得出，并不包括土地利用变化］，经历疫情后 2020 年全球经济衰退，CO_2 排放量相比 2019 年减少了 4.9 个百分点，但在 2021 年推出新冠疫苗后，经济快速复苏，同时恶劣气候和能源市场等原因加剧了能源需求，导致更多的煤炭资源被大量消耗，使得碳排放出现大幅度反弹。2021 年全球的 CO_2 排放量与 2020 年相比，排放量增加了 5 个百分点，达到 $37.12×10^9t$，增长幅度是有史以来最大的一年，创历史新高。

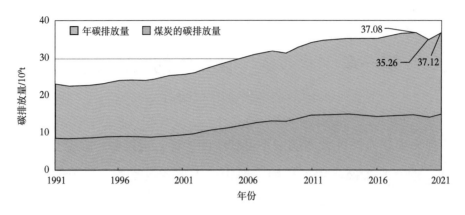

图 1-1　全球历年的碳排放量（数据来源：Our World In Data）

全球主要国家的整体碳排放量如图 1-2 所示。世界各国的 CO_2 排放量和全球碳排放趋势基本一致，在 2020 年受疫情影响下出现短暂下降后 2021 年随着经济复苏又迅速反弹。作为碳排放量最大的国家，自 2016 年以来，我国每年的碳排放量都在 $10×10^9t$ 以上，同时我国也是唯一在 2020 年和 2021 年实现经济增长的主要经济体，两年间的碳排放增加了 $0.73×10^9t$。

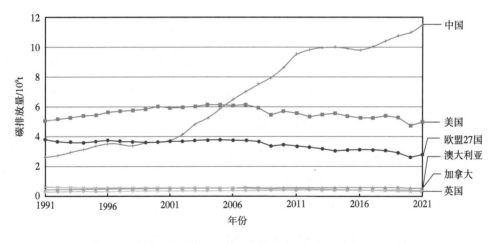

图 1-2　全球主要国家碳排放量（数据来源：Our World In Data）

在人均碳排放量方面，主要发达国家由于早已实现碳达峰，同时通过积极调整能源转型、构建完善的碳排放交易系统、设立碳税等方法，驱动国家整体积极实现碳减排，所以欧美等发达国家的人均碳排放量基本逐年下降。与此相反我国尚未实现碳达峰，人均碳排放量逐年稳步上升，在 2021 年达到了人均 8.05t，远远超过了英国人均 5.15t 的碳排放量（图 1-3）。

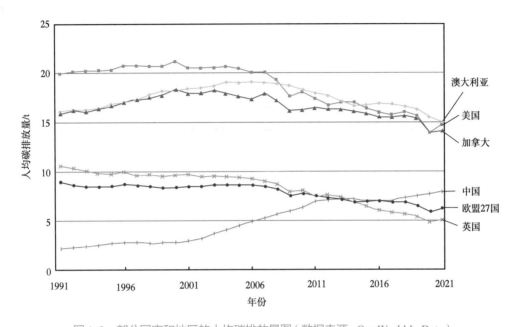

图 1-3　部分国家和地区的人均碳排放量图（数据来源：Our World In Data）

在能源生产方面，根据 2022 年 9 月中国自然资源部发布的《中国矿产资源报告（2022）》[2]，2021 年我国能源生产增速加快，一次能源生产总量为 43.3×10^8t 标准煤，相比 2020 年增长了 6.2%。能源生产结构中煤炭占 67.0，石油和天然气分别占 6.6% 和 6.1%，水电、核电、风电、光电等非化石能源占 20.3%。

天然气作为清洁能源的代表，在清洁能源中占据主体地位，在能源消费中所占比重能够反映能源消费结构优化程度的变化趋势。图 1-4 是近 30 年中国按能源或行业的碳排放量变化，由于煤炭在中国能源结构中占据主导地位，中国的碳排放量目前主要以煤炭为代表的化石能源为主，其中煤炭消费每年产生的 CO_2 排放量从 2016 年的 7.07×10^9t 增长到 2021 年的 7.96×10^9t，占整体碳排放量的 69.35%，天然气占比相对较少，2021 年仅有 6.75%。

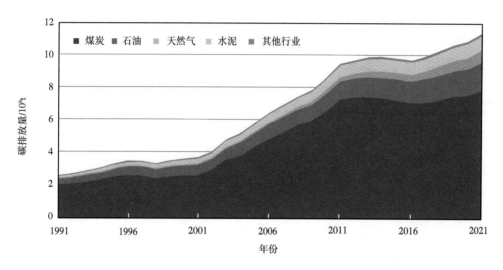

图 1-4　中国按能源或行业的碳排放量（数据来源：Our World In Data）

　　构建清洁低碳的能源消费结构，是我国今后能源发展的主要趋势。随着我国经济社会向绿色低碳转型发展，能源消费也逐渐多样化。1978—2021 年，中国的能源消费量增长了近 9 倍，尤其是进入 21 世纪后，能源消费增长速度明显加快，在我国经济发展不断达到新高度的同时，能源消耗量也在不断攀升。2021 年中国经济在疫情后持续稳定恢复，能源需求也呈逐步回升，能源消费总量为 $52.4×10^8t$ 标准煤，比上年增长 5.2%，能源自给率达到了 82.6%，其中煤炭、原油、天然气消费量分别增长了 4.6%、4.1%、12.5%。

　　图 1-5 是近 10 年中国一次能源消费的结构变化，可以看出中国煤炭消费占比呈下降态势，2018 年煤炭消费占比首次降到 60% 以内，2021 年煤炭消费占比继续下降至 56%，比上年下降 0.9 个百分点。中国石油消费占比处于平稳上升过程，上升幅度较小，并且总体基数较小。相比于煤炭、石油传统化石能源的消费，非化石能源消费增长速度较快。天然气等清洁能源消费占比持续升高，2021 年达到 25.5%，较上年上升 1.2%，相比 2011 年几近翻番。整体来看，目前我国的能源消费结构中，各类能源消费仍处于不平衡的发展中，传统化石能源消费所占的份额仍居高不下，能源消费结构在向清洁低碳加快转变，但在相

当长的时期内，虽然煤炭消费占比有所降低，以煤炭、石油和天然气为代表的化石能源在中国能源消费结构中占据主导地位，与此同时，我国能源消费结构逐渐由化石能源向非化石能源、向清洁能源转型发展，而"双碳"目标的确定加速了我国的能源转型。

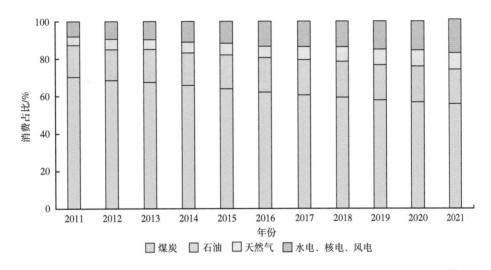

图 1-5　中国一次能源消费结构变化〔数据来源：《中国矿产资源报告（2022）》〕[2]

　　我国幅员辽阔，各省市区域的资源条件、经济水平、产业结构、人口规模各方面情况复杂，能源消费情况存在着明显差异。根据中国碳核算数据库（CEADs）（截止到 2019 年）显示，在中国 30 个省（市、自治区）中（无西藏数据，不包括港澳台地区），碳排放排名靠前基本都是东部能源大省或者人口大省，主要受省市各地的资源条件和人口规模的影响。2019 年我国部分省市的能源消费相比 1999 年基本都增长了一倍以上，多数地区增速幅度较大，如宁夏、内蒙古、新疆、山东等地区，年均增长率均超过 20%，增长速度处于领先地位。其中，宁夏、青海等地区的增幅虽然较大，但能源消费量基数小，而内蒙古、山东等地区能源消费量的增幅和基数都比较大。中西部地区能源消费量增长速度较快，原因是受中部崛起、西部大开发等战略影响，地区经济增长和社会发展水平有了一定的提升，同时不断加强基础设施建设，从而导致能源消费量的快速增长（图 1-6）。

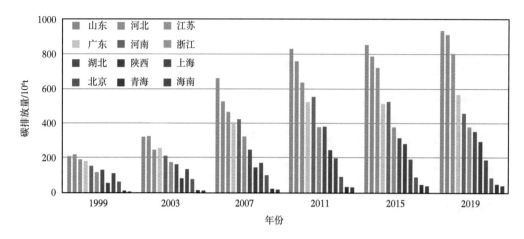

图 1-6 1999—2019 年中国部分省市的碳排放量（数据来源：CEADs）

2019 年全国共有 7 个省（市、自治区）碳排放量超过 $500×10^6t$，其中山东、河北、江苏 3 个省份突破至 $800×10^6t$，山东省的碳排放更是达到了 $937×10^6t$，而北京、青海和海南的碳排放量最低，分别为 $89.18×10^6t$、$51.75×10^6t$、$43.07×10^6t$，显著低于其他各省市。CEADs 的 CO_2 排放量计算方式是按照联合国政府间气候变化专门委员会（IPCC）的计算方法，分部门（45 个生产部门和 2 个居民部门）根据能源消耗数据和排放因子计算得出。

表 1-1 是 2019 年中国各省（市、自治区）的 GDP 情况，从经济总量看，2019 年 GDP 排名前三是广东、江苏、山东，这三个省的碳排放量较高也就不难理解。但是，山东省的 GDP 占广东的 66.4%，碳排放量却是广东的 1.74 倍，可以看出山东省的产业结构还偏重高碳高能耗产业，调整产业结构任重道远。

表 1-1 2019 年各省（市、自治区）的 GDP 情况

地区	GDP/ 亿元	地区	GDP/ 亿元	地区	GDP/ 亿元
广东	107671.07	四川	46615.82	安徽	37114.00
江苏	99631.52	湖北	45828.31	北京	35371.30
山东	71067.50	福建	42395.00	河北	35104.50
浙江	62352.00	湖南	39752.12	陕西	25793.17
河南	54259.20	上海	38155.32	辽宁	24909.50

续表

地区	GDP/ 亿元	地区	GDP/ 亿元	地区	GDP/ 亿元
江西	24757.50	山西	17026.68	吉林	11726.80
重庆	23605.77	贵州	16769.34	甘肃	8718.30
云南	23223.75	天津	14104.28	海南	5308.94
广西	21237.14	黑龙江	13612.70	宁夏	3748.48
内蒙古	17212.50	新疆	13597.11	青海	2965.95

图 1-7 为山东省 1999—2019 年间的碳排放量图,在此期间主要分为两个阶段,第一阶段为 1999—2012 年,这一阶段山东省碳排放的增长速度较快,碳排放总量明显增多,造成这种现象的主要原因是该阶段山东省经济快速发展,具有高碳排放特点的第二产业发展较快,第二产业耗能高,碳排放随之也增长较快[3]。第二阶段为 2012—2019 年,国务院发布的《"十三五"控制温室气体排放工作方案》指出:"十三五"期间,北京、天津、河北、上海、江苏、浙江、山东、广东碳排放强度分别下降 20.5%。"响应国家减排号召,山东省人民政府随后出台了《山东省"十三五"节能减排综合工作方案(2017—2020 年)》《山东省低碳发展工作方案(2017—2020 年)》等一系列方案政策并贯彻落实,煤炭消费比重逐步降低,由于碳排放量基数大,虽然碳排放总量仍然居高不下,但与前几年相比,增长速度明显放缓。

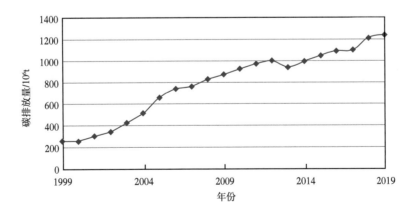

图 1-7 山东省 1999—2019 年间的碳排放量(数据来源: CEADs)

2020 年 9 月，国家主席习近平在第七十五届联合国大会一般性辩论上提出，"碳排放力争于 2030 年前达到峰值，努力争取 2060 年前实现碳中和"（简称"双碳"目标）。"双碳"目标的提出不仅是我国向世界做出应对气候变化的庄严承诺，同时也为我国社会经济绿色低碳发展指明了方向。2021 年 10 月 24 日，中共中央、国务院印发《关于完整准确全面贯彻新发展理念做好碳达峰碳中和工作的意见》，2021 年 10 月 26 日，国务院印发《2030 年前碳达峰行动方案》，对能源工业、城乡建设和交通运输等重点用能领域提出碳减排、碳达峰的总体部署，共同构建了我国实现碳达峰碳中和"1+N"政策体系的顶层设计和战略路径。

中国是目前世界上最大的能源生产和消费国，2021 年 CO_2 排放量达 $114×10^8t$，约占全球碳排放的 31%。2030 年碳达峰要求 CO_2 排放强度较 2005 年下降 65%，"十四五""十五五"期间需分别完成 18% 和 17% 的下降幅度，实现碳中和所需的碳减排量远高于其他经济体。从碳达峰到碳中和，欧盟历经 60~70 年，美国历经 43 年左右，而我国仅有 30 年时间，作为一个人口基数大、人均能源占有量相对较小的国家，要在如此短的时间内实现"双碳"目标难度极大，我国能源发展形势十分严峻，目前我国的能源发展的问题主要包括能源科技水平不高、化石能源消费占比大、对外依存度过高、环境污染日益严重等。这促使中国不断向节能减排、绿色低碳的能源发展道路迈进。

实现"双碳"目标的关键在于能源转型。能源一直是人类社会活动中不可缺少的一环，是其他一切工业社会活动的基础。随着我国经济已由高速增长阶段转向高质量发展阶段，需要高质量能源体系的支撑，"能源革命"战略应运而生。"能源革命"意味着我国能源发展必须有质的变革以及革命性的创新和转型。能源转型将极大带动能源生产、消费和相关技术的革命，这也是人类第三次工业革命的重要内容。我国应抓住这一机遇，通过能源低碳转型，实现电力系统、交通、建筑和工业领域发展模式的全面革新。

早在 2014 年，国家主席习近平就提出了从能源消费、能源供给、能源技术和能源体制四个方面推进"能源革命"。国务院发展研究中心资源与环境政策研究所在《中国能源革命十年展望（2021—2030）》中指出，中国将有序推动形成"双循环"新发展格局和绿色能源体系，"十四五"期间努力推动非化石能源和天然气等清洁能源消费量占比合计超过 30%、煤炭占比降至 50% 以下，同时也将安全高效发展沿海地区核电、小型堆核能综合利用。

我国能源转型主要有三个重点方向：一是节能提效，降低煤炭、石油等高能耗高污染能源占比，提高能源利用效率，实现洁净化利用；二是大力发展化石能源的前沿技术，扩大 CCUS 技术的应用规模，CCUS 技术目前处于攻关试验与应用早期，相关基础研究和技术有待成熟和推广；三是发展除可再生能源（太阳能、风能、生物质能等）以外的核能、地热能等绿色低碳新能源，在保障国家能源安全的同时谋划新能源发展，加速清洁能源体系建设。

从各行业能源消费量来看，电力行业是碳排放量最大的行业，我国约 50% 的煤炭消费用于发电，电力行业能源转型中的重点是去煤电，可替代电源是天然气发电、可再生能源发电以及核电。天然气发电是煤炭替代的重中之重，气电有着资源供应稳定和技术成熟的优点，并且天然气作为燃料可以减少污染物排放，是实现碳减排的重要手段[4]。

国家电网公司、南方电网公司已发布助力"双碳"目标的有关文件，推动构建以新能源为主体的新型电力系统。在发电侧，采用清洁能源代替化石能源，降低发电碳排放；在输配电侧，提高传输效率，减少损耗；在用电侧，实施用能电气化改造，减少传统终端用能过程中的碳排放。

虽然长远来看发展非化石能源比化石能源更能降低碳排放，更能实现能源清洁化。但现阶段非化石能源体系尚未完整建立起来，发展过程中还存在资源供应不稳定、多能互补的格局还未形成、储能技术发展滞后等诸多因素制约，成为主体能源尚需要时间。

与非化石能源相比，天然气具有产业链完整、技术稳定、市场发育成熟的特点，同时具有清洁、低碳的特性，可在有效替代高碳能源中发挥重要作用，故而是现阶段保障能源安全和能源结构转型的现实选择[5]。在今后相当长一段时期，化石能源将依然是我国的主体能源，可再生能源需要规模化发展才能在未来能源结构中扮演主导地位[6]。

在等热值情况下，天然气碳排放量比煤炭减少约 45%，将在能源转型中起到桥梁和支撑的作用[7]。在"碳中和"路径中天然气今后的作用可分为 4 个阶段：2020—2030 年，天然气发挥其低碳特点实现较快增长，助力"碳达峰"；2030—2035 年，天然气进入与可再生能源融合发展阶段，可再生能源发展提速成为主体能源之一，碳排放总量波动下降；2035—2050 年，天然气与可再生能源充分融合，碳排放量在峰值水平上小幅下降；2050—2060 年，天然气仍发挥对可再生能源的支撑保障作用[8]。

第二节　"双碳"背景下石油工业的机遇与挑战

在"双碳"背景下，面临国内高质量发展以及国际社会绿色低碳发展的要求，我国石油工业发展和转型面临巨大挑战，主要体现在以下四个方面：

一是虽然我国油气资源丰富，但油气勘探总体技术水平仍落后于世界先进水平。受我国地形复杂等方面影响，部分含油盆地地理位置偏远、地质环境恶劣，当前技术水平难以达到降低开发成本、提高采收效率等方面的要求，出现了老区产量不稳定，含水上升快，新区产能有限，开发效益偏低等一系列难题。面对未来中低油价，要实现低成本油气勘探开发，需要用科技创新降低油气开发成本，持续不断增强石油地质理论与勘探技术创新，加大油气资源的勘探开发力度，以更大力度推动我国石油工业向更高质量发展[9]。

二是能源供给安全面临重大挑战，和美国、俄罗斯等发达国家相比，我国油气资源的战略储备和应急储备设施仍然较少，应急储备体系薄弱，应对国际油气市场波动的调节能力还不够强[10]。据中国石油和化学工业联合会公布，2022 年中国原油对外依存度为 71.2%，天然气对外依存度为 40.2%，今后我国油气对外依存度仍将长期保持高位，安全供应面临挑战。

三是经济制度压力。"碳税"和"碳关税"是实现"双碳"目标的一种有效经济手段,对石油公司形成效益压力。目前全球已有30多个国家和地区推广运行,并且仍在不断扩大。从全球来看,欧洲地区碳税最高,亚洲国家相对较低。以欧盟为例,根据世界银行对欧盟内部实行碳税国家的价格统计,欧盟现行碳税均价约为60美元/t,但若要实现温控2℃和1.5℃的目标,碳税需要达到110美元/t和150美元/t。碳关税方面,2021年7月14日,欧盟提出建立"欧盟碳边境调节机制"(Carbon Border Adjustment Mechanism,CBAM),即"碳关税"机制,计划自2026年开始对进口的水泥、钢铁等碳排放密集型产品增加征税,未来征税领域扩展至油气领域可能性很大。碳税与碳关税已成为部分国家和地区加快"双碳"目标进程的有效举措,作为一种有利于政策实施国的强制性措施,征收范围和领域将会不断扩展,极大冲击包括石油工业在内的高碳行业现有成本及利润水平[11]。

四是产业结构不平衡。我国仍处于工业化、城镇化的发展阶段,作为重要的高能耗和高碳排的石油工业,未来发展将很大程度上影响中国整体的碳达峰碳中和进程。2021年中国仅石油石化产品的碳排放量约$4.45×10^8$t,在石化行业的子行业中炼油行业的排放量最大,占总排放量的51.3%[12],我国未来仍将处于经济高质量发展阶段,调整产业结构任重道远。

为应对全球碳中和所带来的挑战,欧美等西方国家的石油公司在能源低碳转型发展方面走在了前列。2021年5月28日,全球著名石油公司道达尔(Total)更名为"道达尔能源"(Total Energies),启用了新的品牌标识,表达出道达尔能源集团向多元化能源公司进行战略转型的决心,同时道达尔公司还承诺将整体科研经费的10%投入到CCUS的技术研发中。2021年10月11日,石油储量居世界14位,天然气探明储量全球前三的卡塔尔石油公司(Qatar Petroleum)也宣布更名为卡塔尔能源公司(Qatar Energy),更名后更加重视提升能源效率和使用环保如CCUS等相关技术。2021年,世界最大的非政府石油天然气生产商埃克森美孚成立了新公司——埃克森美孚低碳解决方案公司(ELCS),积极与多方合作推进 CCUS 项目，目前已在 35 个国家运营相关项目。其中，目前最受关注的是在休斯敦投资 1000 亿美元建设的 CCUS 大型网络，拟将休斯敦工业区的 CO_2 封存在墨西哥湾中，预计到 2030 年，该枢纽每年可捕集 $5000×10^4t$ CO_2，2040 年捕集量将达到 $1×10^8t$。2022 年 6 月，广东省发改委、中国海油、壳牌和埃克森美孚公司四方共同签署大亚湾区 CCS/CCUS 集群研究项目谅解备忘录，计划在大亚湾区开展中国首个海上规模化（300~1000）$×10^4t$ 的 CCS/CCUS 集群研究项目。

国内各大石油企业也在积极制定应对方案并推进由石油公司向能源公司转型。中国石油在新能源领域成立了深圳新能源研究院、中油绿电新能源、日本新材料研究院等公司，中国石化将氢能作为公司新能源业务的主要方向，已经是国内最大的氢能源供应商之一，中国海油也在北京、福建、广东等都成立了新能源分公司。中国油气公司要抓住"双碳"背景下能源转型的机遇，积极主动向综合性能源公司转型，要向油、气、热、电、氢各产业综合发力，最终实现"绿色发展、绿色能源"[9]。

除了面临着众多挑战，石油工业也存在着许多机遇。根据《中国矿产资源报告（2022）》[2]，我国石油、天然气剩余探明技术可采储量分别达 $36.89×10^8t$、$63392.67×10^8m^3$。全国目前共有 1000 多个油气田（其中油田 700 多个，气田 300 多个），将 CO_2 注入到油气藏中，即 CO_2 强化采油技术（CO_2-EOR）和 CO_2 强化采气技术（CO_2-EGR），既能够对 CO_2 进行地质封存，同时也能提高油气采收率并产生一定经济效益，是相当具有现实可行性的技术措施。

我国的油田主要集中于松辽盆地、渤海湾盆地、鄂尔多斯盆地和准噶尔盆地，通过 CO_2-EOR 技术可以封存约 $51×10^8t$ CO_2[13]。CO_2-EOR 技术能够有效支撑化石能源企业绿色低碳发展，为国家能源转型过渡和实现"双碳"目标做出巨大贡献。参照国外 CO_2-EOR 产业发展经验，结合中国进展情况，在"双碳"目标有利政策推动下，国内 CO_2-EOR 产业将进入快速规模化发展阶段。预期

2030 年中国 CO_2-EOR 产业年注入 CO_2 规模将达 $3000×10^4$t 级别，年增油规模将达 $1000×10^4$t 级别；2050 年驱油埋存和咸水层埋存协同发展，年注入 CO_2 规模将达 $1.0×10^8$t 级别，CO_2-EOR 产业发展前景十分广阔 [14]。

我国的气藏主要分布于鄂尔多斯盆地、四川盆地、渤海湾盆地和塔里木盆地，利用枯竭气藏可以封存约 $153×10^8$t CO_2，通过 CO_2-EGR 技术可以封存约 $90×10^8$t CO_2 [13]。新一轮科技革命和产业变革带动了数字技术的快速发展，也为天然气勘探开发提质增效和高质量发展带来了新的机遇。当前我国天然气产业正处于数字化转型和智能化发展的重要阶段，我国 CO_2-EGR 应高起点布局，在产业布局初期就重视与数字的深度融合，高水平构建智能 CO_2-EGR 产业链，高效推进我国智慧能源体系建设，支撑我国实现"双碳"目标 [15]。

石油工业作为国家能源体系的核心单元、保障国家能源安全的关键领域、稳定国民经济发展的重要支柱，在"双碳"背景下，既肩负着推进增储上产、履行好保障国家能源安全的重大使命，又承担着落实节能减排、推动行业绿色低碳发展的重要任务 [16]。着眼未来，要坚定不移持续加大油气资源的勘探开发力度，保障国家核心油气的需求供给安全，坚持海陆并举、油气并重、常非并进，构建开放灵活的油气安全保障体系，强化重点盆地和海域油气基础地质调查和勘探，夯实资源基础。

第三节 "双碳"背景下发展 CCUS 的意义

一、保障我国能源安全

CCUS 技术在石油工业主要应用于 EOR（Enhanced Oil Recovery）和 EGR（Enhanced Gas Recovery）技术提高油气采收率实现增产增效。CO_2-EOR 技术既能提高石油采收率又能实现 CO_2 减排，兼具经济效益和社会效益。虽然较二次采油的注水驱油项目成本高、工艺复杂，但因其主要驱油机理是通过混相、萃取、降黏、降流度比、膨胀、分子扩散、降界面张力、气驱等多种作用综合来提升石油采收率，在水驱中后期应用，可大幅提高采收率。CO_2-EOR 也可应用于低渗透致密油藏，以及注水压力高或注不进去水但又需要不断补充地层能量的油藏，CO_2 驱油与水驱相比，能大幅度提高注入能力，显著提高这类油藏采收率。我国吉林油田持续开展原始、中高含水和特高含水等不同类型油藏 CO_2 驱油与埋存攻关，走通了 CO_2 捕集输送、注入采出、集输处理及循环注入全流程，建成吉林大情字井油田亿方级 CO_2 埋存示范基地，年封存 CO_2 能力 $1.98 \times 10^8 m^3$，累计封存 CO_2 量 $12.4 \times 10^8 m^3$；小井距示范区实现国内最大注入倍数（1.2HCPV），证实 CO_2 驱可大幅度提高采收率 25 个百分点。CO_2-EOR 目前已在中国石油吉林油田、大庆油田，中国石化胜利油田、中原油田等试验区开展研究，并建设运营了示范项目。

在"双碳"目标对清洁能源的驱动之下，我国天然气需求旺盛，据国家能源局发布的《中国天然气发展报告（2022）》[17]，2021 年我国天然气消费量增长至 $3690 \times 10^8 m^3$，在一次能源消费总量中的占比提升至 8.9%。但是，2021 年我国天然气进口量达到 $1680 \times 10^8 m^3$，同比增长 19.9%，天然气对外依存度达到了 45.5%，严重影响我国能源安全。在当前和今后很长一段时期，天然气是我国能源消费结构中的重要组成部分，并且我国的天然气需求量将进一步增大。由表 1-2 可知，国际能源署（IEA）、世界资源研究所等重要机构预测我国天然气消费量在 2030 年将达到 $3700 \times 10^8 \sim 5850 \times 10^8 m^3$，平均值为 $4990 \times 10^8 m^3$；我国天然气消费将在 2035—2040 年达到峰值，对应的消费量为 $4000 \times 10^8 \sim 6800 \times 10^8 m^3$，平均值为 $5660 \times 10^8 m^3$；我国天然气消费量在 2050 年仍保持在较高水平，为 $3140 \times 10^8 \sim 6470 \times 10^8 m^3$，平均值为 $4560 \times 10^8 m^3$。与我国 2021 年天然气产量 $2076 \times 10^8 m^3$ 相比，我国天然气消费峰值存在 $1920 \times 10^8 \sim 4720 \times 10^8 m^3$ 的缺口，将给我国能源安全构成严峻挑战。因此，加大国内天然气勘探开发力度，采用 CO_2-EGR 技术增加国内天然气产量是我国天然气资源绿色开发、可持续发展的重要战略领域之一，对于保障我国能源安全及"双碳"目标实现具有重要意义。

表1-2　对中国天然气消费量预测情况表

情景模式	2030 年 /10^8m^3	达峰时间	峰值 /10^8m^3	2050 年 /10^8m^3	数据来源
既定政策情景	4540			5210	IEA[18]
宣布承诺情景	4430			3140	
可持续发展情景	4380			3590	
既定政策情景	5400	2040 年左右	4000	4700	世界资源研究所[19]
强化行动情景	3700	2040 年左右	4700	4600	
既定政策情景	4600	2035 年左右	5000	3500	全球能源互联网发展合作组织[20]
2℃ 情景	5850	2035 年左右	6840	3910	清华大学气候变化与可持续发展研究院[21]
既定政策情景	5800	2040 年左右	6320	6300	中国石油经济技术研究院[22]
可持续转型情景	5400	2040 年左右	6400	5030	
常规转型情景	5800	2040 年左右	6800	6470	国网能源研究院[23]
电气化加速情景	5040	2040 年左右	5620	4370	
深度减排情景	4890	2040 年左右	5160	3930	
平均值	4990	2035—2040 年	5660	4560	

CCUS 项目除了应用于石油工业 EOR 技术和 EGR 技术以外，还可用于增强型地热系统（Enhanced Geothermal System，EGS）。在地质环境和其他因素的影响下，地球向外扩散的热能会寄存在地下某些介质中并在某一区域聚集（若寄存在地下水中则形成水热型地热，若寄存在岩石中则形成干热岩型地热），当热量聚集到一定程度使得热储介质温度高于 45℃ 便形成了所谓的"地热能"[24-26]。地球内部潜藏着巨大的地热能，据估算地球的地热能约为全球煤炭资源量的 1.7 亿倍。同时地热能是属于可再生清洁资源，不会导致大气污染，具有储量大、分布广、绿色低碳、稳定可靠等特点。

中国具有丰富的地热资源，根据中国地热能发展报告显示，中国大陆 336 个主要城市浅层地热能年可采资源量折合 $7×10^8t$ 标准煤，可实现供暖（制冷）建筑面积 $320×10^8m^2$，其中黄淮海平原和长江中下游平原地区最适宜浅层地热能开发利用[27]。从 20 世纪 80 年代开始，中国就已在华北、辽河、大庆、冀东、大港、江汉、中原、胜利等油田，利用油气开发过程中的含油污水余热资源或将废弃井改造为地热井，为油田生产或民用采暖提供热源。

传统的 EGS 模式是以水作为载热流体开采地热，即 H_2O-EGS，美国学者 Brown[28] 在此基础上首次提出了以 CO_2 代替水作为载热流体，即 CO_2-EGS 模式。其主要原理是通过注入井向地热储层中注入加压后的低温 CO_2，低温 CO_2 与地下热岩发生热交换，生成高温的 CO_2，并通过生产井采出到地面，携带高热能的 CO_2 可用于发电、供暖供热等[29]。

CO_2-EGS 技术不仅传热性质优越，而且安全高效。图 1-8 是 CO_2 开采地热发电示意图，增强型地热系统的地热储层深度一般在 5000m 以下，温度超过 200℃，压力高于 10MPa。在这种环境下，CO_2 处于超临界状态，具有类液体密度，类气体低黏度的特性，较强的流动性促使其能进入微小裂缝，渗流能力更强，携热更为充分，具有更高的采热性能，生产效率得到显著提升，同时 CO_2 比水更容易压缩，降低了加压成本的同时减小了储存罐的体积，降低了输送成本，这些性质使得超临界二氧化碳相比水能够更好的开采地热能[30-31]。

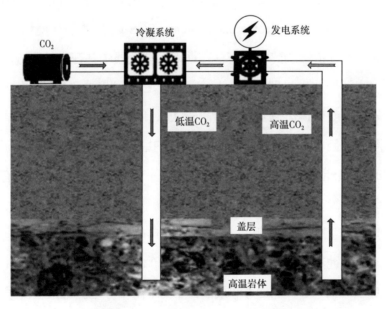

图 1-8　CO_2 开采地热发电示意图[29]

同时 CO_2-EGS 技术也具有节能减排，绿色环保的效果。在地热能的开发过程中，传统的 H_2O-EGS 模式需要大量的水资源，且在后续的开采中由于渗漏还需补充水资源，势必造成巨大的水资源流失浪费，而应用 CO_2-EGS 模式不仅能避免水资源流失，节约水资源，还能在水资源稀缺区域实现地热能的开发利用。此外，CO_2 在抽取地热能的同时还能封存部分 CO_2，降低大气碳含量，从而减缓温室效应。

二、加速清洁能源体系建设推动能源转型

清洁能源指在能源生产及其消费过程中，对生态环境低污染或无污染的能源，主要包括可再生能源如水能、生物能、太阳能、风能、地热能等，以及非可再生能源如天然气、清洁煤、核能等。在能源体系的视角下，由于天然气具有清洁、低碳、灵活性的特征，并且应用场景广泛，决定了其在清洁能源体系中发挥关键支撑作用，承担着重要角色[32]。

根据《中国矿产资源报告（2022）》[2]，我国能源消费仍然以煤炭为主，2021 年煤炭消费量占能源消费总量的 56%，因此我国能源结构存在高碳能源消费占比高、碳排放强等难题，推进能源绿色低碳转型是实现"双碳"目标的迫切需要和重要抓手[33]。提高非化石能源比重任重道远，在非化石能源成为主力能源之前，天然气将是全球特别是我国实现能源从高碳向低碳转型的最现实能源，加快天然气发展是实现双碳战略目标的最现实选择。天然气产业还可以通过天然气制氢等技术手段拉动氢能[34]、CCUS 等产业发展[35]，不断推进我国能源转型和清洁能源体系建设。甲烷作为天然气的主要成分，在所有碳氢化合物中具有最高的氢碳比，利用天然气制氢具有高效率、低碳排放、并适用于规模化制氢等优点[34]。因此天然气与氢气协同发展，将加速低碳时代的到来。此外，由于天然气发电具有启动停止快、应急能力强的优点，可以有效解决风能、太阳能等可再生资源发电波动强度大等短板，因此天然气与可再生资源融合发展可以助推新能源稳定供应和规模应用，进一步加速清洁能源体系建设。因此，大力发展 CO_2-EGR 并提高天然气在能源消费结构中的占比，可以加快能源转型步伐，助推我国清洁能源体系建设。

推动能源转型，构建清洁低碳、安全高效的能源体系，事关经济社会安全运行、长远发展。据国家统计局发布的《中华人民共和国 2021 年国民经济和社会发展统计公报》[36]，截至 2021 年，天然气、水电、核电、风电、太阳能发电等清洁能源消费仅占中国能源消费总量的 25.5%，相比 2020 年只上升了 1.2%，目前我国正处于经济高速发展期，短期内离不开煤炭、石油等非清洁能源的化石能源利用，实现大规模有效的 CO_2 减排。CCUS 技术主要是将 CO_2 从工业、能源利用或大气中分离出来，直接利用或注入地层中封存，同时提高油气采收率及地热等资源的开采，从而达到 CO_2 减排的目的。CCUS（Carbon Capture, Utilization and Storage）技术是 CCS（Carbon Capture and Storage）技术新的发展趋势，在其基础上除了能实现 CO_2 地质封存，还能利用 CO_2 能与石油、天然气可混相等特点提高石油、天然气的采收率及强化地热等资源的开采，使 CO_2 能够产生一定的经济效益，更加符合能源企业的需求。石油工业的发展与能源转型在通常意义下是存在一定矛盾的，但 CCUS 技术可以将二者融合，在相当程度上解决油气行业发展带来的 CO_2 的排放问题，是石油工业"减碳增油、绿色转型"的战略性接替技术。

和石油相比，天然气燃烧后产生的污染排放量极少，是一种极为重要的清洁能源，2018 年 9 月，国际天然气技术大会提出"天然气是新能源共生共荣的最佳伙伴"，使得天然气在未来能源体系中的重要地位更加明确。在能源转型大势和"双碳"目标要求下，我国能源体系将逐步从以化石能源为主向非化石能源为主转变，积极提高天然气等清洁能源的消费占比，天然气在能源低碳转型近中期仍将发挥重要的作用，据《中国天然气发展报告（2022）》[17]，2021年，全国天然气消费量快速增长至 $3690 \times 10^8 m^3$，占一次能源消费总量的比例升至 8.9%，与此同时，进口天然气也高达 $1680 \times 10^8 m^3$，同比增长 19.9%，严重影响我国的能源安全。现阶段油气依然是国家能源结构的重要组成部分，天然气作为最清洁低碳的化石能源，将继续较快增长并替代煤炭以及满足新能源调峰需求，在国家未来的能源结构中占比将会越来越大，预计 2035—2040 年达到峰值时，对外依存度达到 50% 左右[37]。因此，我国对天然气勘探开发极为重视，除了常规天然气藏开发技术外，各种非常规气藏的开发技术，如提高页岩气采收率技术、提高煤层气采收率技术及天然气水合物开采技术等，均受到广泛关注。

CO$_2$-EGR 技术不仅能够实现 CO$_2$ 的地质封存，减少碳排放，还能达到提高气藏采收率目的，为人类社会发展提供更多的清洁能源。该技术最早于 20 世纪 90 年代由 Burgt 等[38] 提出，其基本原理是将 CO$_2$ 注入到枯竭的天然气藏中，将剩余无法开采的天然气驱替采出。相较于其他 CCUS 技术，CO$_2$-EGR 具有显著的技术优势，主要体现在以下 5 个方面：（1）气藏由于长期赋存天然气，其构造封闭性和完整性可以得到保障，降低了 CO$_2$ 泄漏的风险；（2）气田开采井以及相关井下和地面基础设施齐全，稍加改造就可以应用于注 CO$_2$，大大降低了 CO$_2$ 封存成本；（3）对原始地层压力的扰动更小，因为长期的天然气开采造成地层压力下降，因此向枯竭气藏中注 CO$_2$ 会恢复地层压力；（4）提高采收率可以额外增加的天然气产量，也可以进一步抵消部分封存成本；（5）与枯竭油藏相比，由于天然气的压缩性更高，因此气藏单位体积孔隙中 CO$_2$ 封存容量更大[39]，在咸水层中 CO$_2$ 封存大规模运用之前，枯竭气藏封存 CO$_2$ 是很好的技术选择。虽然 CO$_2$-EGR 技术从提出至今已经在全球范围内研究了近 30 年，但目前仍处于初步探索阶段，全球已公布的 CO$_2$-EGR 现场试验较少。欧美等国家已相继开展了少量先导性试验，如荷兰的 K12-B 项目、德国的 CLEAN 项目和美国的 Rio Vista 气田项目等。其中 2004 年的荷兰 K12-B 北海气田是世界上首个通过 CO$_2$-EGR 技术成功封存 CO$_2$ 的现场项目，将天然气（含 13% CO$_2$）分离获得的 CO$_2$ 回注到气藏储层中，通过恢复地层压力驱替生产更多天然气，初步证明了该技术的可行性。因此，开展 CO$_2$-EGR 既可以促进天然气产量上产，又可以推进碳捕集利用与封存技术应用示范，推进天然气生产过程绿色化，对于减少碳排放和缓解清洁能源危机具有重要意义。

三、推动尽早实现"双碳目标"

CCUS 技术不仅是中国实现"双碳"目标的关键性技术之一，也是油气勘探开发低碳转型的重要手段，能够推动多元能源系统的构建，进而保障国家的能源安全。近年来，国内外均在积极研发 CCUS 技术和推进 CCUS 项目，根据全球碳捕集与封存研究院发布的《全球碳捕集与封存现状报告 2022》[40]，截至 2022 年 9 月，全球共有 196 个 CCS 项目，其中 30 个正在运行，相比 2021 年增长了 44%，正在开发的 CCS 项目的 CO_2 捕集能力达到了 $2.439×10^8 t/a$。近年来，我国的 CCUS 工程示范项目也取得了积极进展。据中国 21 世纪议程管理中心统计，截至 2022 年底，我国已投运或建设中的 CCUS 示范项目约有 100 个，其中半数以上的项目已经投运，捕集能力约 $300×10^4 t/a$，碳封存能力约 $200×10^4 t/a$。

据《中国二氧化碳捕集利用与封存（CCUS）年度报告（2021）》[13]，通过 CO_2 强化石油开采技术，我国可封存 CO_2 约 $51×10^8 t$。而利用枯竭气藏，可以封存约 $153×10^8 t$，我国的深部咸水层封存容量则达到了大约 $24200×10^8 t$。近中期内，考虑经济效益兼顾社会效益，油气企业可在油气田内发展 CO_2 驱，远期随着油气价格的回落及碳价提高，开发效益趋差，封存效益显现，可发展枯竭油气藏封存和咸水层地质封存，为油气行业绿色低碳转型提供了有力保障，在实现自身减排的同时为社会贡献减碳方案。

目前我国年碳排放总量世界最高，由图 1-9 可知，我国与能源相关的 CO_2 排放经历了缓慢上升期（1980—2001 年）、高速上升期（2002—2013 年），目前处于低速上升期（2014—2021 年）。由于未来十年是我国基本实现现代化建设的重要时期，工业化、城镇化、信息化多重发展将进一步增加碳排放[41]，因此实现"双碳"目标面临巨大挑战。在应对气候问题方面，增加高氢碳比的天然气在我国能源消费结构中的占比，是减少 CO_2 排放的重要措施，再与 CCUS 技术集成耦合使用，则可以进一步降低碳排放。CCUS 是减少碳排放的重要技术途径，根据国际能源署预测，到 2050 年 CCS 技术可以承担全球 19% 的 CO_2 减排量。

化石能源在我国能源消费结构中占据重要作用，而 CCUS 是目前实现大规模化石能源零排放利用的唯一技术选择[42]。

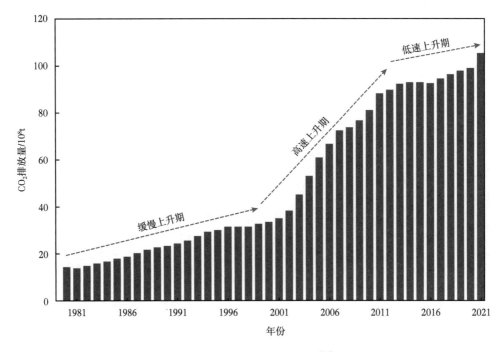

图 1-9　中国碳排放趋势图[15]

在全球应对气候变化路径中，CCUS 地位不可替代。国际能源署（IEA）、联合国政府间气候变化专门委员会（IPCC）、国际可再生能源机构（IRENA）等组织机构在不同减排路径下对 CCUS 的减排贡献进行了预测，发现在不同情景下 CCUS 技术都是 21 世纪实现升温控制、实现近零排放目标的关键途径之一。由于各组织对减排情景的设定各有不同，因此对 CCUS 减排贡献的评估结果存在一定差异。2030 年，在不同情景中 CCUS 的全球减排量为 $1×10^8$~$16.7×10^8$t/a，平均为 $4.9×10^8$t/a；2050 年，CCUS 的全球减排量为 $27.9×10^8$~$76×10^8$t/a，平均为 $46.6×10^8$t/a。

据国际能源署（IEA）在可持续发展情景（Sustainable Development Scenario）下的预测[43]，如果全球 2050 年实现碳中和目标，通过调整能源结构和提高能源效率等方法有望减少 CO_2 排放约 $263×10^8$t，但仍有 $76×10^8$t CO_2 需要依靠

CCUS 等负碳技术移除，才能实现碳中和；如果全球 2070 年实现净零碳排放，其中通过 CCUS 技术作为托底技术封存约 15% 的 CO_2。根据《中国二氧化碳捕集利用与封存（CCUS）年度报告 (2023)》[44]，中国在"双碳"目标下的 CCUS 减排需求为：2025 年约为 $2400×10^4$t/a（$1400×10^4$~$3100×10^4$t/a），2030 年将增长到近 $1×10^8$t/a（$0.58×10^8$~$1.47×10^8$t/a），2040 年预计达到 $10×10^8$t/a 左右（$8.85×10^8$~$11.96×10^8$t/a），2050 年将超过 $20×10^8$t/a（$18.7×10^8$~$22.45×10^8$t/a），2060 年约为 $23.5×10^8$t/a（$21.1×10^8$~$25.3×10^8$t/a）（图 1-10）。

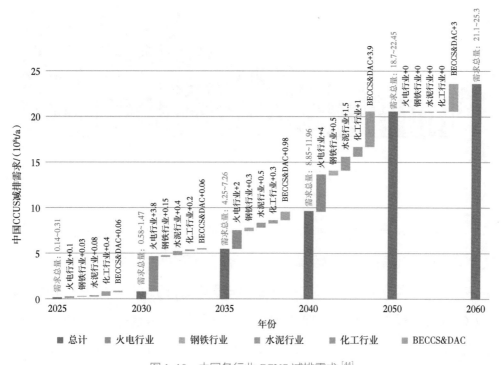

图 1-10　中国各行业 CCUS 减排需求[44]

从我国国情实际出发，有必要加大 CCUS 项目相关配套政策支持力度，将 CCUS 技术纳入国家重大低碳技术范畴，探索设立 CO_2 利用技术专项扶持资金，加快 CCUS 相关技术攻关，推进 CCUS 产业集群建设。研究制定相关的财税、金融、产业与科技政策，建立健全市场化机制，推动 CCUS 技术规模化商业化的发展，以推动尽早实现"双碳"目标。

>> 参考文献 >>

[1] IPCC. IPCC special report on carbon dioxide capture and storage[M]. Cambridge：Cambridge University Press，2005.

[2] 中华人民共和国自然资源部 . 中国矿产资源报告（2022）[M]. 北京：地质出版社，2022.

[3] 王玥 . 山东省碳排放影响因素分解及趋势预测 [D]. 曲阜师范大学，2019.

[4] 罗佐县 . 碳中和激活多领域天然气需求潜力 [J]. 能源，2020，（11）：30-32.

[5] 罗佐县 . 理性看待天然气主体能源定位 [J]. 中国石油石化，2018，（13）：31.

[6] 周守为，朱军龙 . 助力 "碳达峰、碳中和" 战略的路径探索 [J]. 天然气工业，2021，41（12）：1-8.

[7] 王震，孔盈皓，李伟 . "碳中和" 背景下中国天然气产业发展综述 [J]. 天然气工业，2021，41（8）：194-202.

[8] 周淑慧，王军，梁严 . 碳中和背景下中国 "十四五" 天然气行业发展 [J]. 天然气工业，2021，41（2）：171-182.

[9] 邹才能 . 油气大势与双碳目标 [J]. 石油科技论坛，2021，40（6）：64-66.

[10] 黄维和，韩景宽，王玉生，等 . 我国能源安全战略与对策探讨 [J]. 中国工程科学，2021，23（1）：112-117.

[11] 赵喆，窦立荣，郜峰，等 . 国际石油公司应对 "双碳" 目标挑战的策略与启示 [J]. 国际石油经济，2022，30（6）：8-22.

[12] 北京大学能源研究院油控研究项目课题组 . 中国石化行业碳达峰碳减排路径研究报告 [R]. 北京：北京大学能源研究院，2022.

[13] 蔡博峰，李琦，张贤，等 . 中国二氧化碳捕集利用与封存（CCUS）年度报告（2021）——中国 CCUS 路径研究 [R]. 北京：生态环境部环境规划院，2021.

[14] 袁士义，马德胜，李军诗，等 . 二氧化碳捕集、驱油与埋存产业化进展及前景展望 [J]. 石油勘探与开发，2022，49（4）：828-834.

[15] 张烈辉，曹成，文绍牧，等 . 碳达峰碳中和背景下发展 CO_2-EGR 的思考 [J]. 天然气工业，2023，43（1）：13-22.

[16] 马永生，蔡勋育，罗大清，等 . "双碳" 目标下我国油气产业发展的思考 [J]. 地球科学，2022，47（10）：3501-3510.

[17] 国家能源局石油天然气司，国务院发展研究中心资源与环境政策研究所，自然资源部油气资源战略研究中心 . 中国天然气发展报告（2022）[M]. 北京：石油工业出版社，2022.

[18] International Energy Agency. World Energy Outlook 2021[R]. France：International Energy Agency，2021.

[19] 世界资源研究所 . 零碳之路："十四五" 开启中国绿色发展新篇章 [R]. 北京：世界资源研究所，

2020.

[20] 全球能源互联网发展合作组织 . 中国 2030 年能源电力发展规划研究及 2060 年展望 [R]. 北京：
全球能源互联网发展合作组织，2021.

[21] 清华大学气候变化与可持续发展研究院 .《中国长期低碳发展战略与转型路径研究》综合报告
[M]. 北京：中国环境出版集团有限公司，2021.

[22] 中国石油经济技术研究院 . 2060 年世界和中国能源展望（2021 版）[R]. 北京：中国石油天然
气集团有限公司，2021.

[23] 国网能源研究院有限公司 . 中国能源电力发展展望 2020 [M]. 北京：中国电力出版社，2020.

[24] 汪集暘，胡圣标，庞忠和，等 . 中国大陆干热岩地热资源潜力评估 [J]. 科技导报，2012，30
（32）：25-31.

[25] 蔺文静，刘志明，王婉丽，等 . 中国地热资源及其潜力评估 [J]. 中国地质，2013，40（1）：
312-321.

[26] 杨丽，孙占学，高柏 . 干热岩资源特征及开发利用研究进展 [J]. 中国矿业，2016，25（2）：16-20.

[27] 王社教，陈情来，闫家泓，等 . 地热能产业与技术发展趋势及对石油公司的建议 [J]. 石油科技
论坛，2020，39（3）：9-16.

[28] BROWN D W. A hot dry rock geothermal energy concept utilizing supercritical CO_2 instead of
water [C]. Proceedings of the twenty-fifth workshop on geothermal reservoir engineering, Stanford
University, 2000.

[29] 贺凯 . 二氧化碳开发干热岩技术展望 [J]. 现代化工，2018，（6）：56-58.

[30] 宋阳，吴晓敏，胡珊，等 . 二氧化碳在干热岩中换热及固化的数值模拟 [J]. 工程热物理学报，
2013，34（10）：1902-1905.

[31] 张亮，裴晶晶，任韶然 . 超临界 CO_2 在干热岩中的采热能力及系统能量利用效率的研究 [J].
可再生能源，2014，32（1）：114-119.

[32] 朱兴珊，陈蕊，潘继平，等 . 天然气在清洁能源体系中的关键支撑作用及发展建议 [J]. 国际石
油经济，2021，29（2）：23-29，105.

[33] DAI H, SU Y, KUANG L, et al. Contemplation on China's energy-development strategies and
initiatives in the context of its carbon neutrality goal [J]. Engineering, 2021, 7（12）：1684-1687.

[34] 邹才能，李建明，张茜，等 . 氢能工业现状、技术进展、挑战及前景 [J]. 天然气工业，2022，42
（4）：1-20.

[35] 马新华，窦立荣，王红岩，等 . 天然气驱动可持续发展的未来——第 28 届世界天然气大会综
述 [J]. 天然气工业，2022，42（7）：1-6.

[36] 国家统计局 . 中华人民共和国 2021 年国民经济和社会发展统计公报 [R]. 北京：中华人民共
和国国土资源部，2022.

[37] 黄维和，王军，黄龑，等 ."碳中和"下我国油气行业转型对策研究 [J]. 油气与新能源，2021，

33（2）: 1-5.

[38] VAN DER BURGT M, CANTLE J, BOUTKAN V. Carbon dioxide disposal from coal-based IGCC's in depleted gas fields[J]. Energy Conversion and Management, 1992, 33（5-8）: 603-610.

[39] CAO C, LIU H, HOU Z, et al. A review of CO_2 storage in view of safety and cost-effectiveness[J]. Energies, 2020, 13（3）: 600.

[40] Global CCS Institute. Global status of CCS 2022[R]. Melbourne: Global CCS Institute, 2022.

[41] Strategy P T o t, Emissions P f P C, Neutrality C. Analysis of a peaked carbon emission pathway in China toward carbon neutrality[J]. Engineering, 2021, 7（12）: 1673-1677.

[42] 张贤. 碳中和目标下中国碳捕集利用与封存技术应用前景 [J]. 可持续发展经济导刊, 2020, 12: 22-24.

[43] International Energy Agency. Energy technology perspectives 2020[R]. France: International Energy Agency, 2020.

[44] 张贤, 杨晓亮, 鲁玺, 等. 中国二氧化碳捕集利用与封存（CCUS）年度报告（2023）[R]. 中国 21 世纪议程管理中心, 全球碳捕集与封存研究院, 清华大学, 2023.

第二章　CCUS 发展历程

CO_2 捕集、利用与封存（CCUS）是指将 CO_2 从工业、能源利用或大气中分离出来，直接加以利用或注入地层以实现减少 CO_2 排放的过程。政府间气候变化专门委员会（IPCC）的第六次评估报告根据 CO_2 的利用、封存、负排放等不同减排效果将 CCUS 技术进一步细分为 CCU，CCS，碳移除（BECCS、DAC）等[1]。CCUS 按技术流程可分为捕集、输送、利用与封存等环节（图 2-1）。

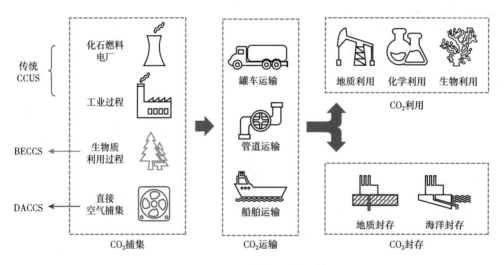

图 2-1　CCUS 技术示意图[2]

CO_2 捕集是指将 CO_2 从工业、能源利用或大气中分离出来，主要分为燃烧前捕集、燃烧后捕集、富氧燃烧和化学链捕集。CO_2 输送是指将捕集的 CO_2 运送到可利用或封存场地的过程，与油气输送有一定的相似性。根据运输方式的不同，分为罐车运输、船舶运输和管道运输，其中罐车运输包括汽车运输和铁路运输两种方式。CO_2 利用是指利用 CO_2 的不同理化特征，生产具有商业价值的产品，根据工程技术手段的不同，可分为 CO_2 地质利用、CO_2 化工利用和 CO_2 生物利用等。其中，CO_2 地质利用是将 CO_2 注入地下，进而强化能源生产、促进资源开采的过程，如提高石油、天然气、地热、地层深部咸水、铀矿等多种类型资源的采收率。CO_2 封存是指通过工程技术手段将捕集的 CO_2 注入深部地质储层，实现 CO_2 与大气长期隔绝的过程。按照地质封存体的不同，可分为陆上咸水层封存、海底咸水层封存、枯竭油气田封存等。相比其他封存场所，尽管深部咸水层的封存潜力最大，其封存容量占比约98%，且分布广泛，是较为理想的 CO_2 封存场所[2]，但将 CO_2 注入咸水层并不能带来经济效益，限制了其经济可行性。

传统 CCUS 技术主要是将 CO_2 从工业或其他排放源中分离出来，运输到特定地点加以利用或封存，从而实现减少大气中 CO_2 的浓度。全球 1.5℃ 目标提出后，生物质能碳捕集与封存（BECCS）和直接空气捕集（DAC）作为负碳技术受到了高度重视。BECCS 涉及生物质燃料发电、热电联产、造纸、乙醇生产、生物质制气等行业，将生产排放的 CO_2 利用 CCUS 技术进行消减掉，从而实现 CO_2 的净吸收（负排放）。DAC 则是直接从大气中提取 CO_2 进行永久储存（碳消除）或食品加工等领域。

第一节 国外 CCUS 发展历程

CCUS 技术起源于天然气的分离提纯，广泛应用于 CO_2 强化开采石油、强化开采天然气等领域，逐渐演变成低碳、零碳、负碳技术的组合。20 世纪 20 年代，碳捕集技术主要是利用化学溶剂从天然气流中将 CO_2 分离提纯，从而获得高纯度的甲烷等气体。1972 年，受石油危机影响，全球首个 CO_2 驱油商业项目在美国得克萨斯州的 SACROC 油田开始运行，碳捕集能力达 $40 \times 10^4 \sim 50 \times 10^4 t/a$。1982 年，美国俄克拉荷马州 Enid 项目建成，主要通过化肥厂产生的 CO_2 进行油田驱油。1996 年，在挪威北海建成的 Sleipner 天然气田项目是世界上首个商业碳捕集与封存的项目，也是全球首个大规模将 CO_2 封存于海床下的实例，封存能力近百万吨/年。

进入 21 世纪以来，由于工业化步伐的加快以及全球变暖趋势的加剧，CCUS 项目受到越来越多国家的重视，美国、加拿大及澳大利亚等西方国家加速推进了 CCUS 项目的工业化。2000 年，美国与加拿大合作，在处于水驱开采末期的 Weyburn 油田通过 CO_2 驱提高油田采油率，延长了油田的商业寿命的同时实现了 CO_2 的封存。2014 年，加拿大 SaskPower 电力公司的 Boundary Dam Power 项目建立了全球第一个碳捕集嵌入式发电厂，该项目将 150MW 燃煤发电机产生的 CO_2 捕集后，一部分封存地下，一部分用于美国 Weyburn 油田驱油，碳捕集能力达 $100×10^4t/a$。2016 年，澳大利亚西部的 Gorgon 项目是全球最大的单体 LNG 项目 Gorgon 天然气项目的配套，该项目通过液化技术将 CO_2 从天然气中分离出来后注入到巴罗岛的盐水层中，注入能力可达 $350×10^4t/a$。

根据 Global CCS Institute 数据库，截至 2022 年 9 月，全球共有 196 个 CCUS 设施，相比 2021 年增长了 44%，其中 30 个正在运行，166 个处于规划建设中，2 个暂时停止，正在开发的 CCUS 项目主要分布在北美、欧洲和亚太等地区，碳捕集能力达到了 $2.439×10^8t/a$（表 2-1）。

表 2-1 全球各类 CCUS 设施 [3]

参数	运行中	建设中	后期开发阶段	早期开发阶段	运行暂停	总数
设施数量	30	11	78	75	2	196
捕集能力/（10^6t/a）	42.5	9.6	97.6	91.8	2.3	243.9

图 2-2 是从 2010 年到 2022 年 9 月全球商业 CCUS 设施的进展。2011 年至 2017 年期间，捕集能力逐年下降，可能是由于全球金融危机后公共和私营部门专注于短期复苏等因素。自 2017 年以来，处于早期和后期开发阶段的项目出现了增长。特别是经历了全球疫情的经济复苏后，2022 年的商业 CCUS 设施大量增加，这主要是各国政府和国际企业认识到 CCUS 的发展潜力后，在

2022 年都加强了对 CCUS 的支持，促使计划项目的捕集能力达到历年以来的最高水平，即 $2.439\times10^8t/a$。自 2017 年以来，计划项目的捕集能力年平均增长率为 30%。

图 2-2　2010 年至 2022 年 9 月的商业 CCUS 设施（按捕集能力）[3]

从设施数量的增长来看，2022 年美国继续处于全球领先地位，自 2021 年以来美国新增 34 个 CCUS 项目，显著领先世界各国。其他国家的 CCUS 项目也各有增长，如加拿大新增了 19 个项目、英国新增了 13 个、挪威新增了 8 个以及澳大利亚、荷兰和冰岛也各增长 6 个。

美国 CCUS 项目的运用种类多样，包括水泥制造 CCUS 项目，燃煤发电 CCUS 项目，燃气发电 CCUS 项目，垃圾发电 CCUS 项目，化工生产 CCUS 项目等[4]。表 2-2 列举了部分美国正在开发中的 CCUS 项目，可以发现，半数左右的项目已经不再依赖 CO_2 强化石油开采技术（CO_2-EOR）得到获益。这主要是由于 CCUS 技术在美国得到了两党的政治支持，为了平稳过渡到 2050 年实现净零经济，美国政府推出的各种政策如 45Q 税收抵免（Tax credit）和加州政府推行二氧化碳的低碳燃料标准（California Low Carbon Fuel Standard，LCFS）为安全有效地捕集、去除和封存 CO_2 的尖端技术提供大量资金支持。

表 2-2 美国开发中的部分 CCUS 项目 [5]

项目	CO$_2$ 来源产业	封存方式	CO$_2$ 价值体现方式
Wabash CarbonSafe	化肥生产	地质	45Q，LCFS
Lake Charles Methanol	化工生产	EOR，地质	EOR，45Q
Dry Fork Integrated Commercial CCS	煤炭火力	EOR，地质	EOR，45Q
Tundra	煤炭火力	EOR，地质	EOR，45Q
San Juan Generating Station Carbon Capture	煤炭火力	EOR，地质	EOR，45Q
Gerald Gentleman Station Carbon Capture	煤炭火力	地质	45Q
Cal Capture	天然气火电	EOR	EOR，45Q，LCFS
Velocys Bayou Fuels	生物质能发电	地质	45Q，LCFS
Clean Energy Systems	生物质能发电	地质	45Q，LCFS
Illinois Clean Fuels	废弃物发电	地质	45Q，LCFS
ZEROS	废弃物发电	EOR	45Q
CarbonSafe Illinois Storage Hub	多产业	EOR，地质	EOR，45Q
Integrated Mid-Continent Stacked Carbon Storage Hub	多产业	EOR，地质	EOR，45Q

美国在政策法案等方面对 CCUS 的支持大幅改善了其项目的可行性并使其长期健康运行成为可能。2020 年美国能源局投入 2.7 亿美元支持 CCUS 项目，极大地鼓励了 CCUS 项目的发展。45Q 税收抵免政策于 2018 年首次颁布，在 2021 年美国财政部和国税局在联邦公告上发布最终法规后，最高税收的抵免额大幅提高，抵免资格分配制度更加灵活，碳捕集的信用额度大幅提高。见表 2-3，45Q 采用递进式 CO$_2$ 补贴价格的设定方式。2020 年地质封存的 CO$_2$ 价格为每吨 31.77 美元，到 2026 年将增加至每吨 50 美元。2018 年非地质封存（主要指 EOR 和 CO$_2$ 利用）的价格为每吨 11.91 美元，到 2026 年将增加至每吨 35 美元。相关政策在项目投产后有效期可长达 12 年。2021 年 11 月美国国会通过的《基础设施投资和就业法案》也将 CCUS 作为减少 CO$_2$ 排放的重要途径，为 CCUS 及相关活动提供了 120 多亿美元，里面包括 25 亿美元用于碳封存验证、

80 亿美元用于氢中心项目以及 2 亿多美元用于 CCUS 技术开发。美国各州，特别是宾夕法尼亚州、西弗吉尼亚州等，也推进了与 CO_2 封存相关的立法，提出或建立支持 CCS 的项目。这种方式使得投资企业可以确保 CCUS 项目的现金流长期稳定，并大大降低了项目的财务风险，从而鼓励企业投资新的 CCUS 项目。

表 2-3 45Q 税务抵免政策的 CO_2 补贴价格   单位：美元 /t CO_2

年份	2018	2019	2020	2021	2022	2023	2024	2025	2026
地质封存	25.70	28.74	31.77	34.81	37.85	40.89	43.92	46.96	50.00
EOR/CCU	15.29	17.76	20.22	22.68	25.15	27.61	30.07	32.54	35.00

注：数据来源于美国财政部。

根据 Global CCS Institute 数据库，截至 2022 年 9 月，欧洲现有 72 个商业 CCUS 项目正在运行，其中 26 个在英国，12 个在挪威，10 个在荷兰，6 个在冰岛，5 个在瑞典，4 个在比利时以及其他一些国家。可以发现，欧洲主要的商业 CCUS 设施集中于北海周围，而在欧洲大陆的 CCUS 项目由于各种制度，成本以及公众接受等原因，进展较为缓慢。与美国不同，欧洲 CCUS 项目的 CO_2 价值主要依靠欧洲的碳交易市场（EU-ETS）和 EOR 来体现。EU-ETS 采取总量交易形式，即控制碳排放总量，内部通过货币交换的方式相互调剂排放量。在 2020 年以前由于欧洲碳交易市场对 CCUS 项目的支持力度有限，CO_2 价格较低。

欧盟一直积极推进低碳经济，并采用政策与制度推进低碳转型。2020 年的欧洲绿色协议和欧洲气候法案，将 2050 年净零排放的目标变成了政治目标和法律义务。这使得今后欧洲可能施行更多的减排政策。由于 CCUS 技术项目是一项重要的减排手段，可以预见欧洲将会采取更加积极的政策支持。

第二节 国内 CCUS 发展历程

相比国外，中国的 CCUS 项目起步较晚，随着工业化进程的加快，在相关政策推动下，我国 CCUS 技术已取得长足进步。2004 年，中联煤公司在山西省沁水盆地开展我国第一个 CO_2 驱煤层气示范项目，该项目成为我国第一个 CCUS 示范项目。随后，基于日趋成熟的碳捕集技术，中国石油吉林油田、中国石化胜利油田、中国神华等公司加速推进碳捕集项目的工业化。2007 年，中国石油吉林油田于率先实现 CCUS-EOR 技术的工业化，建成五个 CO_2 驱油与埋存示范区，封存能力可达 $35 \times 10^4 t/a$。2010 年，中国石化胜利油田建成了国内首个燃煤电厂的 CCUS 示范项目，以燃煤电厂烟气 CO_2 为源头，采用燃烧—捕集技术，将捕集的 CO_2 注入到油田中进行驱油，碳捕集能力达 $3 \times 10^4 \sim 4 \times 10^4 t/a$。2011 年，神华集团在鄂尔多斯盆地的 CCS 示范项目投产，采用甲醇吸收法捕集煤气化制氢项目尾气中的 CO_2 后注入到盐水层中，该项目是国内第一个全流程碳捕集与封存示范项目，也是第一个盐水层地质封存实验项目。2015 年，中国石化中原油田炼厂尾气 CCUS 项目建成，项目通过 CO_2 驱油将将已经接近废弃的油田采收率提高了 15%。2021 年，国能锦界公司 $15 \times 10^4 t/a$ CO_2 捕集封存全流程示范项目通过运行，成为目前国内最大规模的燃煤电厂燃烧后 CCUS 全流程示范项目。

目前，中国已具备大规模捕集及封存利用的工程能力，正在积极筹备全流程 CCUS 产业集群，主要是大型国有能源公司在主导项目开发。在"双碳"战略推动下，中国石油启动了松辽盆地 $300 \times 10^4 t$ CCUS 重大示范工程，部署了大庆油田、吉林油田、长庆油田、新疆油田的"四大工程示范"和辽河油田、冀东油田、大港油田、华北油田、吐哈油田、南方油田的"六个先导试验"，推动中国 CCUS 产业驶入规模化发展快车道。2019 年，中国石油新疆油田准噶尔盆地 CCUS 项目被油气行业气候倡议组织（OGCI）推选为全球首批 5 个 CCUS 产业促进中心之一，初始规模达到 $300 \times 10^4 t/a$，并计划于 2020—2030 年间将捕集规模推动到 $1000 \times 10^4 t$ CO_2/a。2021 年 8 月，中国海油宣布我国首个海上 CO_2 封存示范工程正式启动，该项目计划在南海珠江口盆地的海底储层中封存 CO_2，封存能力约 $30 \times 10^4 t/a$，总计封存超 $146 \times 10^4 t$ CO_2。2022 年 8 月，由中国石化开发的中国首个百万吨级规模 CCUS 一体化项目——齐鲁石化—胜利油田 CCUS 项目全面投产，从齐鲁石化厂捕集的 CO_2 被运输到胜利油田用于提高采收率。2022年 6 月，中国海油、广东省政府和埃克森美孚、壳牌集团四方签署谅解备忘录，计划在大亚湾区开展中国首个海上规模化（300~1000）$\times 10^4$t 的 CCS/CCUS 集群研究项目。2022 年末，中国石油吉林 CCUS 项目的 CO_2 年注入量突破 43×10^4t，累计注入 268×10^4t，实现国内最大规模注入，年注入能力已达到 80×10^4t/a。此外，包括广汇集团、恒力集团、通源石油公司等在内的民营企业也各自宣布了未来的 CCUS 项目。

据中国 21 世纪议程管理中心不完全统计，截至 2022 年底，我国已投运或建设中的 CCUS 示范项目约有 100 个，其中半数以上的项目已经投运，捕集能力约 300×10^4t/a，碳封存能力约 200×10^4t/a，已投运的项目普遍规模偏小，多数在 50×10^4t/a 以下，但是与 2021 年相比数量明显激增，中国 CCUS 项目遍布各个省份，捕集源的行业和封存利用的类型呈现多样化分布，主要集中在石油、电力、煤化工、化肥和水泥生产等行业，其中水泥、钢铁行业的示范才刚刚起步。碳捕集覆盖燃煤电厂的燃烧前、燃烧后和富氧燃烧捕集、燃气电厂的燃烧后捕集、煤化工的 CO_2 捕集以及水泥窑尾气的燃烧后捕集等多种技术。碳封存及利用涉及咸水层封存、提高石油采收率（EOR）、提高气藏采收率（EGR）、驱替煤层气（ECBM）、地浸采铀、CO_2 矿化利用、CO_2 合成可降解聚合物、重整制备合成气、微藻固定等方式[2]。

一、中国 CCUS 科学研究

1. 中国 CCUS 专利

图 2-3 是中国历年 CCUS 发明专利数量图，根据国家知识产权局专利数据库 3 类关键词检索，中国 CCUS 专利技术的时间分布呈现整体上升趋势，受经济因素、技术限制等原因，与 CO_2 利用和封存相关技术较少，目前的发明专利还是主要与 CO_2 捕集技术相关。在 1991 年中国公开了首个 CCUS 相关发明专利，但此后十余年间，发明专利数量基本处于停滞状态。直到 2006 年

开始，中国发布《国家中长期科学和技术发展规划纲要（2006—2020年）》，推动了 CCUS 技术的发展，发明专利数量开始逐年递增。特别是在 2020 年"双碳"目标提出后，出台的一系列政策以推动 CCUS 技术的发展，国家和企业逐渐加大对碳减排的投入以支持 CCUS 技术研发与工程建设，各大研究机构和高校也相继开展了 CCUS 相关技术研究，使得发明专利数量得到了突飞猛进的发展，2022 年专利数量和增长率均达到了最高峰，相比 2021 年翻了一番左右。

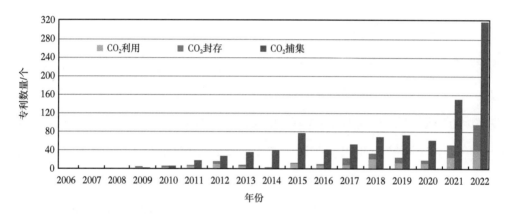

图 2-3　中国历年 CCUS 发明专利数量（检索日期：2023 年 1 月 3 日）

数据为在中国申请的 CCUS 专利，包括其他国家在中国申请的专利

2. 中国 CCUS 研究文献

如图 2-4 为根据 Web of Science 核心数据库检索 CCUS 技术相关研究文献结果[①]。中国作者第一篇有关 CCUS 技术的 SCI 文章于 2007 年发表，此后文章的数量逐年增加，主要受 2006 年国家推出首个 CCUS 相关政策的影响，和中国发明专利数量的增长趋势基本一致。整体上，CCUS 文章数量基本稳定增长，主要

---

① 检索式 1：TS=（"CO_2 capture and storage" or "carbon capture and storage" OR "carbon dioxide capture and storage" OR "CO_2 capture and sequestration" OR "carbon capture and sequestration" OR "carbon dioxide capture and sequestration"）and CU=China；检索式 2：TS=（"CO_2 capture utilization and storage" or "carbon capture utilization and storage" OR "carbon dioxide capture utilization and storage" OR "CO_2 capture utilization and sequestration" OR "carbon capture utilization and sequestration" OR "carbon dioxide capture utilization and sequestration"）and CU=China。

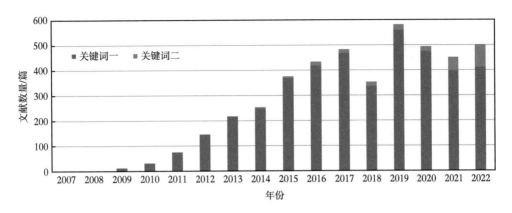

图 2-4　中国 CCUS 文献数量（检索日期：2023 年 1 月 3 日）

以 CO_2 捕集与封存（CCS）为主，涉及 CO_2 利用的文章较少，直到 2020 年"双碳"目标提出后，CCUS 作为大规模碳减排技术逐渐受到重视，涉及 CO_2 利用相关项目和研究的数量迅速增加。可以预见未来在实现"双碳"目标之前，我国在 CCUS 领域的 SCI 文章数量仍会不断增加。

二、中国 CCUS 技术现状和商业模式

1. 中国 CCUS 技术现状

图 2-5 是中国 CCUS 技术类型及发展阶段，目前中国的 CCUS 各技术环节均取得了显著进展，部分技术已经具备商业化应用潜力。CO_2 捕集技术成熟程度差异较大，目前燃烧前物理吸收法已经处于商业应用阶段，燃烧后化学吸附法尚处于中试阶段，其他大部分捕集技术均已处于工业示范阶段。CO_2 运输技术方面，罐车运输及船舶运输技术已达到商业应用阶段，管道运输尚处于中试阶段。在 CO_2 地质利用及封存技术中，CO_2 浸出采矿技术已经达到商业应用阶段，强化采油技术已处于工业示范阶段，驱替煤层气也已完成中试阶段研究，CO_2 强化天然气、强化页岩气开采尚处于基础研究阶段。

（1）捕集技术。

燃烧后捕集技术是目前最成熟的碳捕集技术，可用于大部分火电厂的脱碳改造，中国国内已建有 10 万吨级的燃煤电厂 CO_2 捕集工业型示范装置。2021 年，

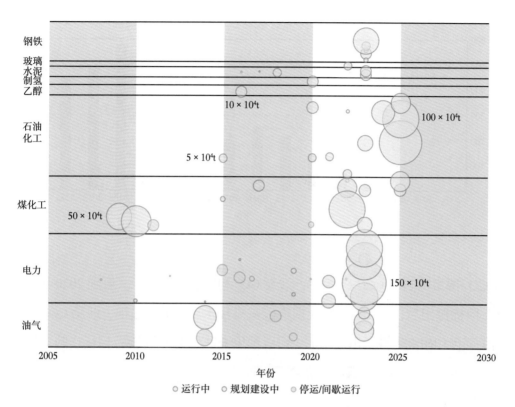

图 2-5　中国主要 CCUS 示范项目规模与行业分布[6]

国能锦界公司 $15×10^4$t/a CO_2 捕集封存全流程示范项目通过运行，成为目前国内最大规模的燃煤电厂燃烧后 CCUS 全流程示范项目。燃烧前捕集系统相对复杂，整体煤气化联合循环（IGCC）技术是典型的可进行燃烧前碳捕集的系统。国内的 IGCC 项目有华能天津 IGCC 项目以及连云港清洁能源动力系统研究设施。富氧燃烧技术是最具潜力的燃煤电厂大规模碳捕集技术之一，在此过程中产生的 CO_2 浓度较高（90%~95%），更易于捕获。富氧燃烧技术发展迅速，可用于新建燃煤电厂和部分改造后的火电厂。当前第一代碳捕集技术（燃烧后捕集技术、燃烧前捕集技术、富氧燃烧技术）发展渐趋成熟、主要瓶颈为成本能耗偏高，缺乏广泛大规模示范工程经验。而第二代技术（如新型膜分离技术、新型吸收技术、新型吸附技术、增压富氧燃烧技术等）仍处于实验室研发或小试阶段，技术成熟后能耗和成本可比成熟的第一代技术降低 30% 以上，2035 年前后有望大规模推广应用。

（2）输送技术。

CO_2 陆路车载运输和内陆船舶运输技术已成熟，主要应用于规模 10×10^4t/a 以下的 CO_2 输送，中国已有 CCUS 示范项目规模较小，大多采用罐车输送。吉林油田和齐鲁石化采用陆上管道输送。华东油气田和丽水气田的部分 CO_2 通过船舶运输。海底管道运输的成本比陆上管道高 40%~70%，目前海底管道输送 CO_2 的技术缺乏运输的丰富经验，在国内尚处于概念研究阶段。

（3）利用与封存技术。

中国 CO_2 化工利用技术已经实现了较大进展，电催化、光催化等新技术大量涌现。但在燃烧后 CO_2 捕集系统与化工转化利用装置结合方面仍存在一些技术瓶颈尚未突破。生物利用主要集中在微藻固定和气肥利用方面。

中国二氧化碳驱提高石油采收率（CO_2-EOR）项目位置主要集中在中国北部、西北部以及西部地区的油田附近及近海地区。国家能源集团的 10×10^4t/a 鄂尔多斯盆地咸水层封存已于 2015 年完成 30×10^4t 注入目标，停止注入。利用 CO_2 进行铀矿地浸开采领域已经实现商业应用，CO_2 驱替煤层气（CO_2-ECBM）技术也处于先导试验阶段。

2. 中国 CCUS 商业模式

CCUS 项目最大的价值就在于其无可替代的减排能力。由于目前我国没有明确的碳税政策，全国碳交易市场也处于起步阶段，无法从经济上合理衡量该部分减排能力，也导致了 CCUS 项目难以迎合商业模式概念的本质，许多企业和潜在的投资者对其望而却步。然而，上述问题并不是 CCUS 项目所特有，可再生能源项目在发展初期同样遇到了这些问题。在政府不断增强的政策支持下，中国可再生能源在能源消费中的比例逐年上升，逐渐克服了上述困难并呈现了良好的发展态势。

CCUS 项目大规模部署后也能产生潜在的社会效益。由于涉及产业链广，CCUS 项目对各产业（如开采业、能源基础设施制造业、机械工业、交通运输业等）的发展也具有带动作用，同时项目投资可以通过直接和间接方式创造就业岗位，对缓解就业压力也发挥着重要作用[7]。

CCUS 商业模式核心业务环节主要涉及了 CO_2 的捕集与分离、CO_2 的运输、CO_2 的封存三个主要环节。根据国外 CCUS 示范项目商业模式（美国 Val Verde Natural Gas Plants 项目、Coffeyville Gasification Plant 项目、加拿大 Quest 项目、沙特阿拉伯的 Uthmaniyah CO_2-EOR 全流程示范项目等）和能源项目商业模式（煤层气、页岩气、脱硫项目等），结合中国目前运营的 CO_2-EOR 项目商业模式，可以总结出中国目前存在的 2 种主要的 CCUS 商业模式[8]：

（1）油田独立运营模式。

这种商业模式的核心特点是整个 CCUS 产业链由油田公司来投资和运营（图 2-6）。垂直一体化的商业模式使得风险与利润在多部门间可以较为灵活地分担，并且各部门间的协调相较跨企业商业模式更容易实现，具有较低的交易成本，可以很好地适应 CCUS 技术发展初期的条件。在该模式下，油田企业既是 CCUS 运营商又是 CO_2 终端消费者，即 CCUS 最终服务的客户。虽然这种模式涉及油田企业中不同的分公司（CO_2 捕集、运输）及采油厂（CO_2 封存、提高石油采收率），但整体都属于油田公司，因此对公司的整合程度提出了较高的要求。

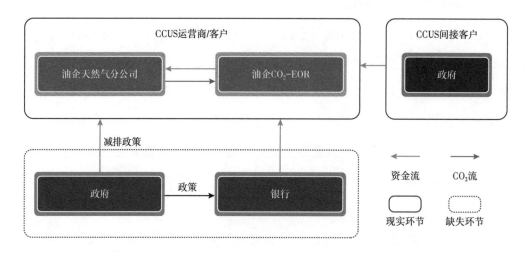

图 2-6　油田独立运营模式

该商业模式以中国石油吉林油田、中国石化胜利油田为代表。中国石油吉林油田 CO_2-EOR 项目的气源来自长岭气田伴生气，捕集后运输至 CO_2 捕集埋存与提高采收率（CCS-EOR）开发公司下的采油厂进行驱油封存，两者都属于中国石油吉林油田分公司，该项目 2022 年 CO_2 年注入量突破 $43×10^4t$，实现了国内最大规模注入。中国石化在 2021 年正式运营的齐鲁石化—胜利油田 CCUS项目也类似，将齐鲁石化排放的工业尾气捕集后运输至胜利油田进行 CO_2 驱油封存，这是我国首个百万吨碳捕集、利用与封存项目，标志着我国 CCUS 产业开始进入技术示范中后段——成熟的商业化运营。

该模式的成本主要包括天然气藏伴生气的分离加压成本、CO_2 运输成本及其他运营成本。天然气伴生气和化工厂、电厂、钢厂等排放大户的尾气相比，其优点一是 CO_2 纯度高，可直接用于驱油，降低了处理成本；二是气源和封存地距离较近，通常在 200km 范围内，源汇匹配条件好，其运输距离短，降低了运输成本。

（2）CCUS 运营商模式。

这种运营商模式主要是让市场化运营商参与到 CCUS 项目的经营管理中，能够灵活地将收购或捕集的 CO_2 销售给使用方（如 CO_2 消费企业或油田等公司），或将 CO_2 直接封存向政府获取封存补贴（图 2-7）。该商业模式覆盖了废气产生、CO_2 捕集与分离、CO_2 的利用和封存等上下游合作，涉及了废气产生企业（如煤化工、化肥厂等）、CO_2 捕集及分离服务企业、CO_2 的利用和封存的油田三方甚至多方企业、多种行业的合作。中国石油长庆油田、新疆油田和中国石化中原油田都采用此模式。

该商业模式以中国石油长庆油田、新疆油田的 CCUS 项目为代表。在该模式下，CCUS 出现了独立的市场化运营商，运营商购买捕集的 CO_2 的直接客户有两类：一是可以卖给 CO_2 消费企业，用于食品或化工制造；二是卖给油田用于驱油封存。比如宁夏德大气体开发科技有限公司为长庆油田 CO_2-EOR 项目供气，新疆敦华石油技术有限公司为新疆油田 CO_2-EOR 项目供气，运营商在该模式中负责捕集和运输环节，通过从煤化工企业购买低纯度 CO_2，依靠企业自身技术进行捕集、分离和提纯，并运送至油田封存现场。

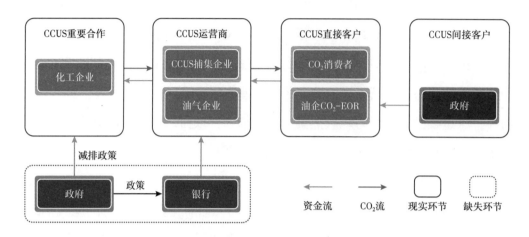

图 2-7　CCUS 运营商模式

在该模式下运营商的主要收益包括政府对相关环节的直接补贴、由碳排放配额产生的碳交易市场收益以及 CO_2 销售获得的收益。在获得收益的同时，运营商也需要承担捕集成本、尾气处理成本、运输成本以及碳排放税。由于气源方面煤化工企业尾气 CO_2 的捕集和分离成本在 CO_2 源的成本中占很大比例，因此 CCUS 运营商即 CO_2 捕集企业致力于通过研发新的捕集技术降低捕集成本。而运输成本主要受运输的方式、距离和规模的影响，目前示范项目阶段普遍采用罐车运输，在今后 CCUS 大规模应用阶段，管道运输的成本更低，构建 CCUS 网络将是一种必然趋势。而油田公司的收益则为油藏提高采收率后所获得的销售收益，支出为 CO_2 采购费用和驱油成本。由于 CCUS 运营商模式投入成本更大且风险更高，不同部门相互协作更加困难，因此该模式的交易成本比油田独立运营模式更高[9]。

在 CCUS 运营商模式下，政府除了出台财税减免、补贴等直接的补贴政策，还应该针对 CO_2 来源的化工企业或燃煤电厂等排放源出台碳税政策或减排要求。同时还应通过法律、标准、制度的建设，界定该模式下运营商、合作关系和客户之间的权利、义务和社会责任，避免出现纠纷，将全产业链 CCUS 的社会责任、经济和社会效益在各方企业部门之间合理分配，促进 CCUS 项目相关各行业的有效合作。

3. 典型 CCUS-EOR 模式

（1）吉林模式。

吉林模式包括吉林油田、大庆油田、南方油田等 CO_2 驱油与埋存实践，气源主要来自长岭气田、徐深气田和福山油田凝析气藏伴生 CO_2，全流程自主建设和运营；率先形成东北大平原上低渗砂岩油藏配套技术。此模式目前处于工业应用阶段。

（2）长庆模式。

长庆模式包括长庆油田、延长油田等油田 CO_2 驱油与埋存实践。气源来自煤化工厂或天然气净化厂捕集 CO_2，建设与运营模式为先导试验阶段为 EPC 模式，推广阶段中央—地方—企业联合，初步形成了黄土塬上超低渗油藏特色的技术系列。此模式目前处于先导试验阶段。

（3）新疆模式。

新疆模式主要是指新疆油田的 CO_2 驱油与埋存实践，气源来自克拉玛依石化厂的制氢驰放气捕集 CO_2，建设与运营模式为先导 PPP 模式，推广阶段或联合外资企业，将形成低渗透砂砾岩油藏特色的技术系列。此模式尚处于先导试验阶段。

（4）华东模式。

华东模式主要是指中国石化华东分公司的 CO_2 驱油与埋存实践，气源主要来自 CO_2 气藏，船运至草舍油田实施 CO_2 驱，全流程自主研发与建设，建成了国内首套 CO_2 循环利用装置，形成断陷湖盆一般低渗油藏 CO_2 驱开发技术系列。此模式处于工业应用阶段。

（5）胜利模式。

胜利模式主要是指中国石化胜利油田的 CO_2 驱油与埋存实践，气源主要来自燃煤电厂或化工厂的烟气，形成了断陷湖盆特低渗透油藏 CO_2 驱开发技术系列。2023 年 7 月，胜利油田—齐鲁石化百万吨百千米管输项目全线投产，为国内首个"双百"项目。

（6）中原模式。

中原模式主要是指中国石化中原油田的 CO_2 驱油与埋存实践，气源主要来自石化厂尾气，其特色是形成了沙河街组中高渗透油藏 CO_2 驱开发技术系列，目前处于工业试验阶段。

须指出，华东模式在这些模式中是比较早形成的，国内很多油田在开展 CO_2 驱早期矿场试验的初期都曾到中国石化华东分公司参观学习，对我国 CO_2 驱技术发展起了很大促进作用。

4. 有特色的 CCUS 工业模式

CO_2 驱油技术可实现 CO_2 地质封存并提高石油采收率，契合国家绿色低碳发展战略，是最现实的 CCUS 技术方向。近年来，在国家有关部委指导下，中国石油陆续在大庆油田、吉林油田、冀东油田、长庆油田和新疆油田开展驱油类 CCUS 实践，打通了碳捕集、管道输送、集输处理与循环注入全流程，建立了一条在近零排放中实现规模化碳减排的有效途径，建成了两种经过长期生产实践检验的有特色有规模的 CCUS 工业模式：吉林油田 CO_2 主要来自火山岩气藏伴生气，经长距离管道气相输送至油田，以超临界态注入地下油藏驱油利用，形成 CCUS 吉林模式；大庆油田 CO_2 来自石化厂排放尾气和火山岩气藏，经液化后以罐车或管道输运至油田，以液态或超临界态注入至地下油藏，形成 CCUS 大庆模式。CCUS 吉林模式建成了我国最早的天然气藏开发和驱油利用一体化密闭系统。

截至 2022 年底，中国石油累计注入 CO_2 约 $563 \times 10^4 t$，累计产油约 $190 \times 10^4 t$。进一步扩大应用规模和提高项目收益是石油企业 CCUS 下步工作的重点和难点。综合考虑源汇资源配置和投资成本情况，拟继续在大庆油田、吉林油田、长庆油田和新疆油田等展开 CCUS 试验和应用；"十四五"期间中国石油主要在吉林油田、大庆油田、长庆油田、新疆油田进行规模示范，在辽河油田、冀东油田、塔里木油田、华北油田、吐哈油田、南方油田开展先导试验，预计"十四五"末期，CO_2 年注入规模 $500×10^4t$，产油量在 $100×10^4t$ 以上[10]。

>> 参考文献 >>

[1] IPCC. Summary for policymakers. in：Global warming of 1.5°C. An IPCC special report［M］. Cambridge：Cambridge University Press，2018.

[2] 蔡博峰，李琦，张贤，等 . 中国二氧化碳捕集利用与封存（CCUS）年度报告（2021）——中国 CCUS 路径研究［R］. 北京：生态环境部环境规划院，2021.

[3] Global CCS Institute. Global status of CCS 2022［R］. Melbourne：Global CCS Institute，2022.

[4] Global CCS Institute. Global status of CCS 2021［R］. Melbourne：Global CCS Institute，2021.

[5] Global CCS Institute. Global status of CCS 2020［R］. Melbourne：Global CCS Institute，2020.

[6] 张贤，杨晓亮，鲁玺，等 . 中国二氧化碳捕集利用与封存（CCUS）年度报告（2023）［R］. 中国 21 世纪议程管理中心，全球碳捕集与封存研究院，清华大学，2023.

[7] 刘牧心，梁希，林千果 . 碳中和背景下中国碳捕集、利用与封存项目经济效益和风险评估研究［J］. 热力发电，2021，50（9）：18-26.

[8] 蔡博峰，李琦，林千果，等 . 中国二氧化碳捕集利用与封存（CCUS）年度报告（2019）［R］. 北京：生态环境部环境规划院气候变化与环境政策研究中心，2020.

[9] 王喜平，唐荣 . 燃煤电厂碳捕集、利用与封存商业模式与政策激励研究［J］. 热力发电，2022，51（8）：29-41.

[10] 王高峰，祝孝华，潘若生，等 . CCUS-EOR 实用技术［M］. 北京：石油工业出版社，2022.

第三章 CCUS 技术体系

近年来，CCUS 技术不断突破、全面发展，CO₂ 捕集、运输、利用以及封存全产业链的新技术不断涌现，技术种类亦不断增多并日趋完善（图 3-1）。已形成的 CO₂ 捕集技术覆盖了主要碳排放源类型，CO₂ 利用与封存技术在石油、化工、煤炭、电力、钢铁、水泥等行业均有工程实践。丰富的 CCUS 技术选项为形成具有可观经济与社会效益的新业态、促进 CCUS 可持续发展产生了重要而积极的影响。

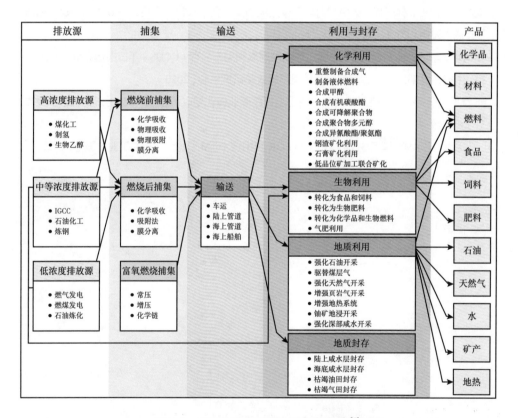

图 3-1 CCUS 技术流程及分类示意图[1]

第一节 国内外研究现状

"十一五"以来，国家自然科学基金、"863 计划""973 计划"、国家重点研发计划等持续支持 CCUS 技术研发，通过加强基础研究、关键技术攻关、项目集成示范，CCUS 技术取得一系列成果。特别是近 10 年来，燃烧前捕集、化工利用、地质利用与封存技术发展迅猛。与国外对比表明（图 3-2），我国 CCUS 技术与国际先进水平整体相当，但捕集、运输、封存环节的个别关键技术及商业化集成水平有所落后[2]。

一、二氧化碳捕集技术

利用吸收、吸附、膜分离、低温分馏、富氧燃烧等方式将不同排放源的 CO_2 进行分离和富集的过程，是 CCUS 技术发展的基础和前提。现阶段，大部分技术已从概念或基础研究阶段发展到工业示范水平，部分技术已具备商业化应用能力，吸收分离法、吸附分离法已经成为全球工业应用最广泛的方法，其中液胺吸收法已经实现全球商业化应用。我国燃烧前捕集技术发展比较成熟，整体处于工业示范阶段，与国际先进水平同步；燃烧后捕集技术相对滞后，特别是 CO_2 捕集潜力最大的燃烧后化学吸收法，国际上已处于商业化应用阶段，我国目前在工业示范阶段。富氧燃烧技术由于系统温度高、制氧成本高等原因，国内外均处于中试阶段，整体发展较为缓慢。不同的碳捕集技术均有各自的优、缺点和适应性，需综合考虑技术和经济指标来选择适宜的捕集方法，随着低成本捕集技术的不断发展成熟，成本与能耗将明显降低。

二、二氧化碳运输技术

将捕集的 CO_2 送到可利用或封存场地的过程，包括罐车、船舶、管道等运输方式。通常小规模和短距离运输考虑选用罐车，长距离规模化运输或 CCUS 产业集群优先考虑管道运输。我国罐车和船舶运输技术已商业应用，与国际先进水平同步；而潜力最大的管道运输技术刚开展相关示范，国际先进水平已进入商业应用。

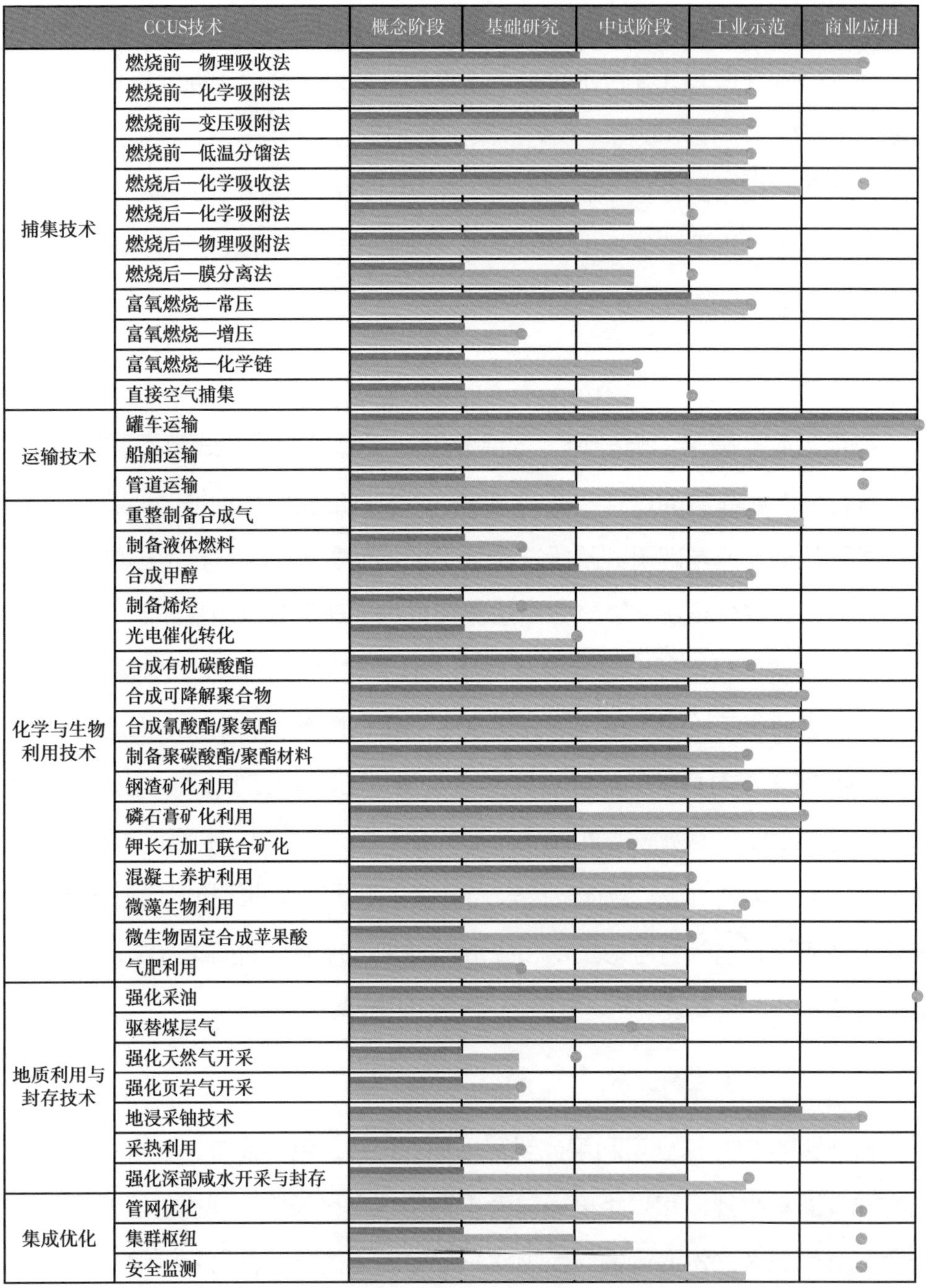

CCUS技术		概念阶段	基础研究	中试阶段	工业示范	商业应用
捕集技术	燃烧前—物理吸收法					
	燃烧前—化学吸附法					
	燃烧前—变压吸附法					
	燃烧前—低温分馏法					
	燃烧后—化学吸收法					
	燃烧后—化学吸附法					
	燃烧后—物理吸附法					
	燃烧后—膜分离法					
	富氧燃烧—常压					
	富氧燃烧—增压					
	富氧燃烧—化学链					
	直接空气捕集					
运输技术	罐车运输					
	船舶运输					
	管道运输					
化学与生物利用技术	重整制备合成气					
	制备液体燃料					
	合成甲醇					
	制备烯烃					
	光电催化转化					
	合成有机碳酸酯					
	合成可降解聚合物					
	合成氰酸酯/聚氨酯					
	制备聚碳酸酯/聚酯材料					
	钢渣矿化利用					
	磷石膏矿化利用					
	钾长石加工联合矿化					
	混凝土养护利用					
	微藻生物利用					
	微生物固定合成苹果酸					
	气肥利用					
地质利用与封存技术	强化采油					
	驱替煤层气					
	强化天然气开采					
	强化页岩气开采					
	地浸采铀技术					
	采热利用					
	强化深部咸水开采与封存					
集成优化	管网优化					
	集群枢纽					
	安全监测					

图 3-2　国内外 CCUS 各环节技术发展水平 [2]

三、二氧化碳地质利用与封存技术

通过工程技术手段将捕集的 CO_2 进行地质利用或注入深部地质储层，实现与大气长期隔绝的技术，封存方式分为陆上和离岸两种。从全球范围看，CCUS-EOR 和浸采采矿技术发展较快，已开始商业应用；除深部咸水开采与封存技术正在开展工业示范以外，其他技术均处在中试及以下阶段。我国地质利用与封存技术在近 10 年来均实现较快发展，尤其是强化深部咸水开采技术已从概念阶段发展到工业示范水平，但整体仍落后于国际先进水平；驱替煤层气技术略处于领先状态，但经济效益较好的 CCUS-EOR 仍处于工业示范阶段，相比进入商业应用阶段的国际先进水平差距明显。

四、二氧化碳生物与化工利用技术

利用 CO_2 不同的理化特征，生产具有商业价值的产品并实现减排的过程。国内外技术发展水平基本同步，整体处于工业示范阶段。近 10 年来，我国各项生物与化工利用技术均有所发展，特别是部分化工利用技术进展显著。发展水平最高的是利用 CO_2 合成化学材料技术，如合成有机碳酸酯、可降解聚合物及氰酸酯 / 聚氨酯、甲醇，制备聚碳酸酯 / 聚酯材料，重整制备合成气等。

五、CCUS 集成优化技术

国际普遍处于商业应用阶段，相比之下我国有关技术发展仍显落后，特别是管网优化和集群枢纽两类技术仅处在中试阶段。上述各环节关键技术发展水平，不足以支撑我国 CCUS 集成耦合与优化，制约了 CCUS 大规模示范工程的开展，而大规模全链条集成示范项目缺失又进一步限制了集成优化技术提升。

第二节 二氧化碳捕集技术

一、技术现状

捕集是 CCUS 的首要环节和重要节点。因气源成分和压力不同，捕集技术不尽相同，分为燃烧前捕集、燃烧后捕集、富氧燃烧技术。

1. 燃烧前捕集技术

适用于天然气、煤气、合成气、氢气中 CO_2 捕集。具有能耗和成本低优势，但要求处理气体压力高、CO_2 浓度高（体积分数 20%~50%）、杂质少，系统相对复杂，设备投资高。

目前，CO_2 分离工艺主要有物理吸收法、化学吸收法、变压吸附法、低温分馏法。其中，IGCC（Integrated Gasification Combined Cycle，即整体煤气化联合循环）是典型的应用物理吸收法进行燃烧前碳捕集的技术，化学吸收法应用也较为普遍。物理吸收法原理是遵从亨利定律，利用物理溶剂溶解度与气体分压成正比的特征，利用压力变化来吸收和释放 CO_2，优点是流程简单、能耗低，设备腐蚀较小，缺点是处理后的气体中 CO_2 含量较高。化学吸收法原理是依据 CO_2 的酸性气体特征，利用碱性吸收剂与 CO_2 进行化学反应来脱出 CO_2 的工艺方法。优点是气体净化度高，CO_2 含量可以脱除到几十毫克每立方米，缺点是流程复杂、能耗高、设备腐蚀较大。变压吸附法原理是利用吸附剂对不同气体的吸附容量随压力变化而有差异的特性来吸附和分离 CO_2 的技术方法，优点是流程简洁、能耗低、操作方便、自动化程度高，缺点是吸附塔数量随着 CO_2 度需求而增加，最终 CO_2 产品压力低，处于微正压状态。低温分馏法原理是利用原料气中各组分相对挥发度差异，通过制冷将气体冷凝，然后用蒸馏法将不同蒸发温度的气体逐一分离，优点是工艺灵活，不存在溶剂吸收法的发泡等问题，设备腐蚀低，缺点是投资成本高、能耗较高、气体净化度一般较低。

（1）物理/化学吸收法燃烧前碳捕集技术在全球范围内技术成熟度较高。据 GCCSI 统计，截至 2020 年全球正在运行的大型 CCUS 示范项目 60% 都在应用该技术，累计可捕集 CO_2 量超过 $2600×10^4t/a$（表 3-1）。

（2）我国物理/化学吸收法燃烧前碳捕集技术成熟度较高，该技术以煤化工为主，因下游 CO_2 利用或封存缺乏足够市场容量，大多数被直接排放。吉林油田、克拉玛依项目从高浓度气源中捕集 CO_2 并用于驱油（表 3-2 ）。

表 3-1　国外物理 / 化学吸收法燃烧前碳捕集示范项目 [3]

项目名称	国家	捕集规模 / 10^4t/a	实施年份	封存情况
Kemper County 碳捕集项目（IGCC）	美国	300	2010	驱油
得克萨斯州清洁能源 TECP 项目（IGCC）	美国	240	2015	驱油
加利福尼亚州氢能源 HECA 项目（IGCC）	美国	360	2015	驱油
Gorgon 天然气 CO_2 捕集封存项目	澳大利亚	340~400	2019	地质封存
阿布扎比钢铁尾气 CCS 项目	阿拉伯联合酋长国（阿联酋）	80	2016	驱油
Quest 沥青提质尾气 CCS 项目	加拿大	100	2015	地质封存
Uthmaniyah CCUS-EOR 项目	沙特阿拉伯王国（沙特）	80	2015	驱油
Coffeyville 化肥厂 CO_2 捕集与利用项目	美国	100	2013	驱油
LOST CABIN 天然气 CO_2 捕集项目	美国	90	2013	驱油
Century Plant CO_2 捕集项目	美国	840	2010	驱油
SNØHVIT CO_2 封存项目	挪威	70	2008	地质封存
Sleipner CO_2 封存项目	挪威	100	1996	地质封存

表 3-2　我国物理 / 化学吸收法燃烧前碳捕集示范项目 [3]

项目名称	捕集工艺	捕集规模 / 10^4t/a	实施年份	实施单位
吉林油田长岭气田碳捕集	化学吸收法	60	2008	中国石油
神华集团内蒙古煤制油碳捕集	物理吸收法	115	2009	神华集团
神华集团包头煤制甲醇碳捕集	物理吸收法	650	2010	神华集团
内蒙古赤峰煤制天然气碳捕集	物理吸收法	730	2011	大唐国际
内蒙古庆华煤制天然气碳捕集	物理吸收法	750	2012	内蒙古庆华集团
天津 IGCC 碳捕集	化学吸收法	10	2012	华能集团
内蒙古汇能煤制天然气碳捕集	物理吸收法	880	2014	汇能集团
克拉玛依驰放气碳捕集	化学吸收法	10	2015	新疆敦华技术公司
神华集团宁煤制油碳捕集	物理吸收法	2500	2016	神华集团

2. 燃烧后捕集技术

几乎适用于从所有在役燃煤电厂和新建主流电厂、水泥厂、钢厂、炼化等工业燃烧后的尾部烟气中分离回收 CO_2。目前最成熟、应用最广泛的碳捕集技术，处理气体常压即可，工艺相对简单，对原系统改变较小，建设投资比IGCC、富氧燃烧低。

分离工艺有化学吸收法、化学吸附法、物理吸附法、膜分离法。

（1）化学吸收法具有 CO_2 捕集率高、捕集纯度高等优点，但由于工艺设备投资高、再生热耗高、吸收剂消耗大等问题，限制了推广应用。国际上已完成工业示范和商业应用，我国项目规模相对较小（表 3-3、表 3-4）。

表 3-3　国际化学吸收法燃烧后碳捕集项目[3]

项目实施方	国家	燃料类型	捕集规模 / (10^4 t/a)	实施年份	运行状态
挪威国家石油公司 Mongstad	挪威	天然气	10	2012	运行
Plant Barry 电厂	美国	煤	15	2012	运行
边界大坝电厂	加拿大	煤	100	2014	运行
Petra Nova 燃煤电厂	美国	煤	140	2017	运行
Mikawa 生物质燃烧电厂	日本	生物质	15	2020	在建
Peteread 电厂	英国	天然气	100	2020	在建

表 3-4　我国化学吸收法燃烧后碳捕集项目[3]

项目实施方	燃料类型	捕集规模 / (10^4 t/a)	实施年份	运行状态
华能高碑店电厂项目	煤	0.3	2008	运行
华能上海石洞口第二电厂	煤	12	2009	运行
中电投重庆双槐电厂	煤	1	2010	运行
中石化胜利油田燃煤电厂	煤	4	2010	运行
国电集团天津北塘热电厂	煤	2	2012	运行
海螺白马山水泥厂	煤	5	2018	运行
华润电力海丰电厂	煤	2	2019	运行
华电集团句容电厂	煤	1	2019	运行
国家能源集团国华锦界电厂	煤	15	2019	运行

（2）其他工艺。化学吸附法是第二代燃烧后碳捕集技术，查阅目前国内外公开报道，尚处于中试向工业试验过渡阶段；物理吸附法20世纪80年代便实

现工业示范[4]，受吸附剂性能和成本等限制发展缓慢；膜分离法原理是利用气体在膜两侧分压差的作用下渗透通过膜，的速率不同来分离不同气体，优点是设备简单、操作简单、适应性强，缺点是烃损失率偏高，一般配合其他工艺结合使用。近十年研究日趋成熟，目前已完成装备制造和应用示范的中试测试，高性能耐杂质膜材料、碳捕集膜过程工艺亟待突破。

3. 富氧燃烧技术

富氧燃烧技术是最具潜力的燃煤电厂大规模碳捕集技术之一，产生的 CO_2 浓度较高（90%~95%），可用于新建燃煤电厂和改造后的火电厂，在钢铁、水泥、化工等行业也具有广泛应用前景。

该技术分为常压富氧燃烧技术（AOC）和增压富氧燃烧技术（POC），AOC 技术处于工业示范阶段，POC 技术处于基础研究阶段。也有部分学者认为，可将化学链燃烧技术作为富氧燃烧技术的一个分支。

（1）富氧燃烧技术需要大规模制取氧气，目前制氧技术成熟且已商业化应用，但其电耗居高不下。华中科技大学已完成全流程 3MW AOC CO_2 捕集试验平台及 35MW 中试电厂建设，湖北应城 $35MW_{th}$ AOC 工业示范项目是目前国内规模最大的燃煤 AOC CO_2 捕集示范工程。

（2）化学链燃烧技术是最有潜力降低 CO_2 捕集成本的选择之一[5]，全球有 19 套试验装置连续运行，最大规模仅 $4MW_{th}$[6]。反应装置放大困难是影响应用的最主要因素，商业化推广还有很长的路要走（表 3-5 和表 3-6）。

表 3-5　国内外化学链燃烧试验装置[3]

国别	项目名称	进展	规模 /MWe	实施年份	是否分离利用
德国	Vattenfall－Shwartz Pumpe	中试	10	2008	是
法国	TOTAL－Lacq	中试	10	2009	是
德国	Janschwalde	商业	500	2015	是
芬兰	Fortum－Meri－Pori	商业	565	2015	是
美国	B&W－Campbell	商业	100	2016	是
韩国	Youngdong	商业	125	2016	是
中国	华中科技大学 $3MW_{th}$ 全流程试验平台	研究	1	2011	否
中国	湖北应城 $35MW_{th}$ 中试电厂	中试	10	2014	是

表 3-6　国内外化学链燃烧试验装置[3]

机构	运行模式	实施年份	封存情况
美国阿尔斯通公司	iC-CLC（煤）	2011	无
西班牙国家研究院	iC-CLC（煤）	2012	无
美国俄亥俄州立大学	iC-CLC（煤、生物质、冶金焦）	2012	无
德国达姆施塔特大学	iC-CLC（煤、生物质）	2012	无
瑞典查尔斯大学	iC-CLC（生物质）	2016	无
美国犹他大学	iC-CLC（煤、石油焦）	2017	无
中国东南大学	iC-CLC（煤、石油焦）	2012	无
中国东南大学	iC-CLC（煤、生物质）	2012	无
中国科学院广州能源研究所	iC-CLC（生物质）	2014	无
中国华中科技大学	iC-CLC（煤）	2016	无

二、应用案例

1. 煤电行业案例

（1）美国 Petra Nova $140×10^4$t/a CO_2 捕集项目。

全球最大的燃煤电厂烟气碳捕集项目，由美国 Hilcorp 公司 West Ranch 油田 1938 年开发，累计产油 $3.9×10^8$bbl，2010 年左右日产仅 300~500bbl，实施 CCUS-EOR 被提上日程。NRG 公司 WA Parish 燃煤电厂（美国最大火电厂）距 West Ranch 油田 130km，可为其提供足量 CO_2 气源。2014 年 9 月 Petra Nova 项目开工，2016 年 12 月商业运行。CO_2 捕集装置采用 KM-CDR 工艺（曾用于 Plant Barry 燃煤电厂 $15×10^4$t/a 碳捕集项目）和 "KS-1™" 溶剂（位阻胺类溶剂，回收所需能量比 MEA［单乙醇胺］减少约 20%，成本低 30%），捕集率 90% 以上，产品 CO_2 纯度高达 99.9%。有专家估计，该项目捕集综合成本（含管输）55~60 美元 /tCO_2（图 3-3）。

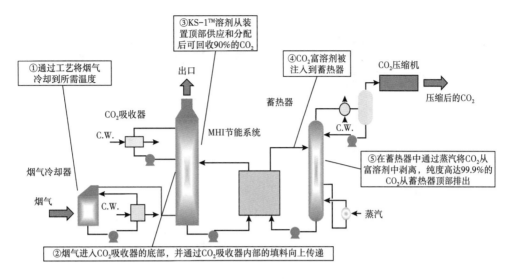

①通过工艺将烟气冷却到所需温度

②烟气进入CO₂吸收器的底部，并通过CO₂吸收器内部的填料向上传递

③KS-1™溶剂从装置顶部供应和分配后可回收90%的CO₂

④CO₂富溶剂被注入到蓄热器

⑤在蓄热器中通过蒸汽将CO₂从富溶剂中剥离，纯度高达99.9%的CO₂从蓄热器顶部排出

图 3-3　KM-CDR 捕集工艺示意图

（2）胜利油田燃煤电厂 4×10^4t/a CO₂ 捕集项目。

该项目 2011 年投运，胜利燃煤电厂烟气 CO₂ 浓度 14%，CO₂ 捕集纯化工艺采用以 MEA 为主体的复合胺吸收溶剂，与单一 MEA 溶液比，CO₂ 吸收能力提高 30%，操作费用降低 35%；CO₂ 捕集率保持 85% 以上，产品 CO₂ 纯度 99.5%以上，捕集成本在 200 元 /tCO₂ 以内。截至目前，累计注入 CO₂ 量 27×10^4t，累计增油 6.2×10^4t，阶段换油率 0.23t/tCO₂，CO₂ 动态封存率 86%，实现 CO₂ 减排封存的同时提高了原油采收率（图 3-4）。

2. 化工行业案例

（1）美国 Great Plains Synfuels Plant 200×10^4t/a CO₂ 捕集项目。

1984 年 DCC 公司在北达科他州建设合成染料厂，通过煤气化工艺制甲烷，利用低温甲醇（-70℃）洗工艺，将合成天然气与 CO₂ 分离，合成天然气管输至客户，CO₂ 浓度达到 96%。1997 年同意将 CO₂ 废气输至加拿大 Weyburn 油田，耗资 1.1 亿美元修建管道 330km，管输能力 5000t/d 以上。2000 年 9 月首批 CO₂输出。据预测，CCUS-EOR 技术可使 Weyburn 油田多产原油 1.3×10^8bbl，延长油田商业寿命约 25 年。

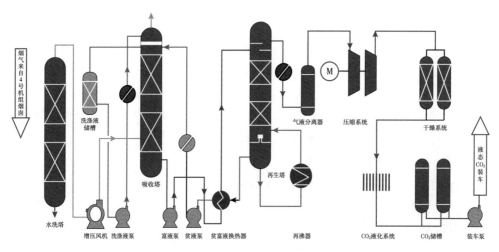

烟气来自4号机组烟囱

水洗塔　增压风机　洗涤液泵　富液泵　贫液泵　贫富液换热器　再沸器　　CO₂液化系统　CO₂储槽　装车泵

洗涤液储槽　　吸收塔　　再生塔　　气液分离器　压缩系统　干燥系统　液态CO₂装车

图 3-4　胜利油田燃煤电厂烟气捕集 CO_2 流程示意图[7]

（2）延长煤化工尾气捕集利用项目。

延长石油集团榆林煤化公司建成 $5×10^4$t/a 工业级 CO_2 分离、提纯装置，采用低温甲醇洗工艺和胺吸收技术相结合，具有投资少、成本和能耗低等优势，捕集成本低于 100 元 /tCO_2，同时运输成本低。

中煤榆林能化公司 $30×10^4$t/a CO_2 捕集装置 2022 年投运，对甲醇装置副产 CO_2 气进行捕集纯化（低温甲醇洗），CO_2 浓度 98% 以上，管输至延长靖边和杏子川采油厂部分区块。预计 15 年内既可提高区块原油采收率，又可减少 CO_2 排放 $540×10^4$t，还可节约水资源 $420×10^4$m³。

3. 炼化行业案例

（1）中原油田 $10×10^4$t/a 炼厂尾气捕集项目。

我国炼化行业首个催化裂解尾气 CO_2 回收项目，2015 年建成投运。针对中原油田炼化厂催化裂化烟道气常压、CO_2 浓度低（14.11%）的特点，采用 MEA+活性胺溶剂 + 新型高效填料 "多筋多轮环" 技术，吸收 CO_2 能力提高 15%~40%，能耗下降 15%~40%，复合胺降解比 MEA 下降 83.1%，CO_2 捕集率 90% 以上，CO_2 纯度 99% 以上[6]，主要用于驱油。

（2）齐鲁石化 $100×10^4$t/a 液态 CO_2 捕集项目。

2022 年 8 月建成投运，实施主体齐鲁石化第二化肥厂。项目装置包括压缩单元、制冷单元、液化精制单元及配套工程，液化回收煤制氢装置尾气中 CO_2，提纯后 CO_2 浓度可达 99% 以上。管输至胜利油田高 89- 樊 142 区块驱油，覆盖特低渗透油藏储量 $2500×10^4t$，预计 15 年内累计注入 $1000×10^4t$，增油近 $300×10^4t$，提高采收率 11.6 个百分点。

4. 天然气处理厂案例

（1）国外天然气处理捕集 CO_2 项目。

国外天然气处理捕集 CO_2 项目主要有三个特点：一是运行年份集中，2010 年以后项目占比 70%；二是规模相对较大，基本在百万吨级左右；三是用途较为趋同，EOR 占比 70%，其他均为咸水层埋存。鉴于相关公开资料少，仅作参考（表 3-7）。

表 3-7　国外天然气处理捕集 CO_2 项目情况 [8-9]

项目名称	地区	捕集能力 / (10^4t/a)	CO_2 来源	CO_2 去向	运行年份
Terrell	美国	40~50	天然气处理	EOR	1972
Shute Greek	美国怀俄明州	700	天然气处理	EOR	1986
Sleipner	挪威	100	天然气处理	咸水层	2012
Val Verde	美国得克萨斯州	130	天然气处理	EOR	2012
SnØhvit	挪威	70	天然气处理	咸水层	2008
Century	美国得克萨斯州	840	天然气处理	EOR	2010
Lost Cabin	美国怀俄明州	90	天然气处理	EOR	2013
Lula	巴西	70	天然气处理	EOR	2013
Uthmaniyah	沙特阿拉伯	80	天然气处理	EOR	2015
Gorgon	澳大利亚	400	天然气处理	咸水层	2016

（2）吉林油田 $30×10^4t$/a 天然气伴生气 CO_2 捕集项目。

我国首个天然气伴生气 CO_2 捕集项目，2008 年建成投运（图 3-5）。为统筹解决长岭天然气厂高含 CO_2 采出气处理与减排难题，矿场试验胺法（MDEA）、膜法、变压吸附等三类 CO_2 捕集脱碳装置（图 3-5），建成 $450×10^4m^3$/d 处理能力胺法碳捕集装置，同时验证低浓度 CO_2（$\leqslant 30\%$）气源捕集胺法最经济。提纯后 CO_2 管输至大情字井区块驱油与埋存，年捕集能力 60×10^4t，年埋存能力 50×10^4t，累计增产原油 37×10^4t。

图 3-5　吉林油田 CO_2 捕集脱碳装置

三、技术发展

根据技术与成本发展趋势，2013 年碳封存领导人论坛（CSLF）发布 CO2 捕集与封存技术路线图，将 CO_2 捕集技术划分为 3 个代际：第 1 代技术是指已应用于大规模 CO_2 捕集与封存项目的首批技术集群；第 2 代技术（2020—2030 年）是指基于第 1 代技术概念和技术设备进行一定程度的改进和优化的系统技术，从而降低能耗以及 CO_2 捕集与封存成本；第 3 代技术（2030—2050 年）是指一系列明显区别于第 1 代 CO_2 捕集与封存技术的新型技术及优选工艺方案[10]。

先进 CO_2 吸收剂和固体吸附剂等第一代碳捕集技术发展渐趋成熟，主要瓶颈是成本能耗偏高、缺乏广泛大规模示范工程经验；新型膜材料、吸收剂应用、氧气与合成气膜分离法、化学链燃烧等第 2 代技术仍处于实验室研发或小试阶段，技术成熟后能耗和成本可降低30%以上，2035 年左右有望大规模推广应用。预计 2030 年第 1 代碳捕集技术具备产业化能力；2035 年左右第 1 代碳捕集技术商业化，第 2 代碳捕集技术初步应用；2040—2050 年，第 2 代碳捕集技术全面替代，并在多行业广泛应用（图 3-6）。发展第 3 代技术，使能耗、运行成本以及维护费用均能降低至第 1 代的 50% 左右[11]。

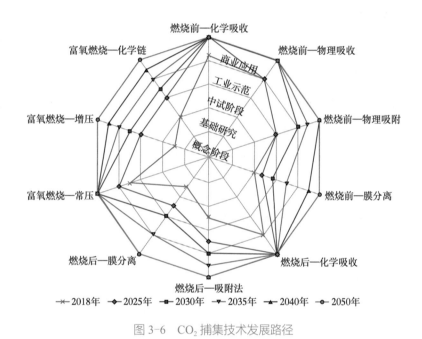

图 3-6　CO_2 捕集技术发展路径

▓ 第三节　二氧化碳输送技术 ▓

一、技术现状

CO_2 运输技术是指将捕集的 CO_2 运至封存或利用场地的技术，是气源连接利用与封存环节的纽带。可靠经济的运输技术是实现 CO_2 碳汇匹配、利用及封存的关键环节，也是 CCUS 产业链运行的重要保障。为提高运输效率，CO_2 一般需保持高压状态。

由于 CO_2 与天然气输运有相似之处，因此可借鉴天然气输运方式。根据运输方式不同，CO_2 运输方式主要有管道运输、罐车运输和船舶运输。其中罐车运输又可分为公路罐车运输和铁路罐车运输[12]。

对于运输方式的选择，主要考虑应三个方面的因素：一是起点与终点的位置和距离，二是输送量、温度与压力、输送过程成本，三是所需的输送设备，在此基础上来确定 CO_2 的最优输送方式[13]。

1. 管道运输

管道运输 CO_2 是一个系统工程，设计诸如地质条件、地理位置、公共安全等问题。管道运输具有连续、稳定、经济、环保等多方面优点，且技术成熟，对于类似 CCUS 需要长距离运输大量 CO_2 的系统，管道运输一直被认为是最经济的陆地运输方式。自 20 世纪 70 年代初，提高原油采收率工艺开始使用管道输送纯 CO_2。1972 年，美国 CRC（Canyon Reef Carriers）公司建成世界首条 CO_2 管道，以便将天然 CO_2 输至得克萨斯州 SACROC 油田。现存最长 CO_2 管道为科罗拉多州输送天然 CO_2 到得克萨斯州的 Cortez 管道，全长 808km，年输能力 $2000×10^4$t。当运输量超过 $100×10^4$t/a，管道运输是 CO_2 输送的最优选择[14]。

国外现有 CCUS 项目都把管道运输作为首选。管道可输送任意相态 CO_2，也可根据管道所处地理位置、输送距离、公众安全等问题选择最合适的输送状态[15]。与其他方式比，管输优点有：一是可靠性高，可持续不断输送 CO_2；二是运输量大，成本低；三是管道埋于地下，不影响地面资源利用。缺点是只适用固定地点之间输送，初建投资大，需要特别注意输送过程中的管道腐蚀及泄漏问题[16]。

CO_2 管道运输技术包括 CO_2 相态、含杂质 CO_2 输运、CO_2 管道系统、泄漏腐蚀与防护等方面。适用管道运输的 CO_2 相态有气相、液相、密相和超临界。对大规模、长距离管道运输，首选超临界和密相；杂质（不凝性气体）会显著影响 CO_2 物理性质，造成相平衡、临界点密度等参数显著改变；环境不同，管道腐蚀状况也存在明显差异[17]。

（1）国外管道输送现状。

目前，以美国为代表的发达国家已广泛应用长距离、大规模管道运输 CO_2，且在积极推进 CCUS 项目建设，管道总长度和总输量迅速增长。全球约有 9000km CO_2 管道，总输量达到 $150×10^6t/a$，其中大部分 CO_2 管道位于美国，其他分布于加拿大、挪威和土耳其（表 3-8）。

由于超临界输送和密相输送经济优势明显，其管理经验丰富，因此均采用超临界或密相输送方式。管道输送过程中，由上游端的压缩机提供驱动力，部分配置中途增压站。典型做法是将 CO_2 增压至 8~8.8MPa，以超临界态或密相运输提升 CO_2 密度进行安全输送。目前主要以陆路管道为主，海底管道屈指可数（主要用于海底封存）。

表 3-8　国外主要长输管道相关数据[18]

管道	地点	运营者	输量/ 10^6t/mon	长度/ km	管径/ in	CO_2 来源
Cortez	美国	Kinder Morgan	19.3	808	30	McElmo Dome
Sheep Mountain	美国	BP 美国石油公司	9.5	660	20~24	Sheep Mountain
Bravo	美国	BP 美国石油公司	7.3	350	20	Bravo Dome
Canyon Reef Carriers	美国	Kinder Morgan	5.2	225	16	
Val Verde	美国	Petrosource	2.5	130		Val Verde 气体厂
Bati Raman	土耳其	土耳其石油	1.1	90		Dodan 油田
Weyburn	美国和加拿大	北达科他州气化公司	5	328	12~14	气化厂
Transpetco Bravo	美国	Transpetco	3.3	193	12.75	
SnØhvit	挪威	Statoil Hydro	0.7	153	8	
West Texas	美国	Trinity	1.9	204	8~12	
Este	美国	Exxon Mobil	4.8	191	12~14	
SACROC	美国		4.2	354	16	

（2）国内管道输送现状。

总体而言，中国与美国等发达国家存在显著差距。国内科研机构和学者对 CO_2 利用环节主要集中于驱油上，在 CO_2 输送方面主要研究管道厚度、直径、材料、温度、压力、管道腐蚀机理等。据国内公开报道，仅个别油田依托自身距离 CO_2 气源较近优势，采用气态或液态管道将 CO_2 输至注入井提高原油采收率。比如，已建 CO_2 输送管道吉林油田 121km、胜利油田 20km、大庆油田 6.5km，齐鲁石化—胜利油田百公里 CO_2 输送管道工程已开工、设计输量 $170×10^4$t/a。除上述为数不多 CCUS-EOR 示范项目外，没有真正意义上的 CO_2 长输管道，技术成熟度较低，更没有带干线和支线的管输网络，谈不上源汇匹配和优化，但现有油气管输规模和经验有助于我国 CO_2 管道建设快速发展。同时更要看到，三大石油集团聚焦"双碳"发力，且 EOR 项目方兴未艾，布局形成 CO_2 管输"全国一张网"、实现源汇匹配与优化指日可待。

（3）安全性及环境影响。

据统计，每 1000km CO_2 输送管道发生事故的数量大约是天然气管道的两倍，60% 的事故由腐蚀及管道附件溶胀失效等造成[19]。若 CO_2 泄漏未被发现，叠加 CO_2 重气扩散的特征将聚集在低洼地区，形成高浓度区域，进而对人体造成伤害。同时泄漏产生的低温可使材料韧性迅速降低，缺陷位置裂纹迅速扩展，产生长程断裂，高压 CO_2 产生的爆炸冲击波对周围建筑物、设备、人员都能造成极大伤害。泄漏时还产生巨大噪声，经泄漏实验测得泄漏口附近最大噪声高达 112dB，距泄漏口 100m 处噪声 86.8dB[20]，可能会对人员和牲畜等带来伤害。尽管如此，与罐车和船舶运输相比，管道仍是安全性最高的运输方式。

2. 罐车运输

罐车通常分为公路罐车和铁路罐车。运输罐车内 CO_2 保持 -30~-20℃，1.7~2.0MPa 状态。公路运输优点是输送距离和地点不受限制，缺点是一次输送量较小、远距离输送安全性较差，罐车输送安全条件要求较高，且成本较高。铁路运输的优点是成本比公路运输低，一次运输量比公路运输大，缺点是必须依托现有铁路设施，否则初始投资较大[21]。气源地和注入地都接近铁路时，铁路输送 CO_2 液体具有一定竞争力，但与管输相比成本依然较高，且铁路只能运输液态 CO_2，不能输送超临界气态二氧化碳[16]。目前，我国已建成或运营的万吨级 CCUS 示范项目规模在 12×10^4t/a 以内，且均用罐车运输 CO_2（表 3-9）。

表 3-9　我国已建成或运营的万吨级 CCUS 示范项目[22]

项目	捕集方式	运输	封存/利用	规模/10^4t/a	现状
中国石化胜利油田捕集与驱油封存示范工程	燃煤电厂燃烧后捕集	罐车运输	EOR	4	2010 年投运
华能上海石洞口捕集示范项目	燃煤电厂燃烧后捕集	罐车运输	食品行业利用工业利用	12	2009 年投运间歇运营
中国石化中原油田 CCUS-EOR 项目	炼油厂烟道气化学吸收	罐车运输	中原油田 EOR	10	2015 年建成抽集装置
延长石油榆林化工捕集项目	煤化工燃烧前捕集	罐车运输计划建 300~350km 管道	靖边油田 EOR	5	2012 年建成在运营
神华集团鄂尔多斯全流程示范项目	煤化工燃烧前捕集	罐车运输距离 17km	盐水层封存	10	2011 年投运间歇运营
华中科技大学 35 兆瓦富氧燃烧项目	燃煤电厂富氧燃烧	罐车运输	市场销售工业应用	10	2014 年建成暂停投运
天津北塘电厂 CCUS 燃煤电厂	燃煤电厂燃烧后捕集	罐车运输	市场销售食品应用	2	2012 年投运在运营
新疆软化公司项目	石油炼化厂燃烧后捕集	罐车运输	克拉玛依油田 EOR	6	2010 年投运在运营

　　罐车设计与制造有规范统一的标准，国内外 CO_2 车制造与输送技术相当成熟，主要用于规模 10×10^4t/a 以下 CO_2 输送。我国罐车运输技术与国际先进水平相当，罐车制造技术和规模处于国际领先水平。与船舶运输和管道运输相比，罐车用于长距离和输送大量 CO_2 并不经济，故通常仅用于 CO_2 输送规模非常小

或者需要灵活运输的地点。主要风险有交通事故造成罐体 CO_2 泄漏，超压导致安全阀开启泄放 CO_2，罐体超压破裂导致 CO_2 泄漏等，CO_2 泄漏容易造成低温冻伤和高浓度 CO_2 窒息。

目前，我国 CO_2 管网建设和源汇匹配技术严重落后，管输网络建成前，仍将采用罐车解决 CCUS 产业链中 CO_2 输送问题。预计 2030 年后，随着管网建设推进与源汇匹配优化，罐车运输终将被替代。

3. 船舶运输

船运 CO_2 主要有压力式、低温式、半冷藏半加压式三种模式。"压力式"指船运的 CO_2 处于高压状态，正常环境温度下不会沸腾或汽化；"低温式"指船运的 CO_2 温度足够低，常压下保持液态或固态；"半冷藏半加压式"指温度和压力组合使 CO_2 保持液态运送。船运前需将 CO_2 液化，温度和压力分别达到 -52℃、0.65MPa 左右[23]。优点是运输方式灵活，允许不同来源 CO_2 以低于管道输送临界尺寸的体积输送；缺点是需要液化装置和中间储存设施，成本会增加。其主要风险有触礁、碰撞或储罐爆炸等，对船员、船体等伤害巨大，对海洋生物和生态系统影响巨大[24]，但 CO_2 船舶运输安全环境风险整体可控。

国外 CO_2 船舶运输技术相对比较成熟，船队单个货物仓运输 CO_2 能力可达 1800t。我国具备这类船舶制造能力，拥有比较完备的技术体系。目前，CO_2 船舶运输处于起步阶段，无大型船舶运输 CO_2。相比陆上运输，船运在 CO_2 运输体系中的作用存在很大不确定性。

二、技术发展

我国罐车运输技术成熟，已经达到商业应用阶段，但基于自身成本和未来 CCUS 规模需要，逐步被替代是大势所趋，在其他运输技术受限地区，可能局部仍有应用。未来 30 年，我国陆地管道运输技术将迅猛发展，到 2025 年进入工业示范阶段，建成 2 条以上百万吨级管道，单管输送能力 50×10^4t/a；到 2030 年进入商业应用阶段，输送能力约 2000×10^4t/a，单管 200×10^4t/a，管道长度 2000km 以上；到 2035 年，输送能力约 1×10^8t/a，单管 500×10^4t/a，管道长度

8000km 以上；到 2040 年，输送能力约 3×10^8 t/a，单管 1000×10^4 t/a，管道长度 12000km 以上；到 2050 年，输送能力约 10×10^8 t/a，单管 2000×10^4 t/a，管道长度 20000km 以上[11]，届时我国基本完善全国 CO_2 管网布局，为 CCUS-EOR 项目大规模输送提供支撑。目前我国海底管道和船舶运输技术处于概念阶段，预测到 2040 年，浅海（水深 ≤ 50m）管道实现商业应用，中深海（水深 50~200m）管道进入工业试验，海上船舶达到 500×10^4 t/a 运输能力（图 3-7）。

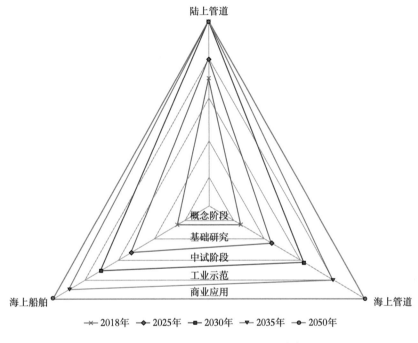

图 3-7　CO_2 运输技术发展路径[22]

第四节　二氧化碳驱油技术

CCUS-EOR 是我国利用 CO_2 的主要方式，具有保障国家油气安全和减少温室气体排放的"双重作用"。根据"973"计划、"温室气体提高采收率的资源化利用及地下埋存"项目分析，我国约 130×10^8 t 原油地质储量适合 CCUS-EOR，可提高采收率 15%，增加石油可采储量 19.2×10^8 t，同时封存 $47 \times 10^8 \sim 55 \times 10^8$ t CO_2。如该技术广泛应用，可在实现大幅减排 CO_2 的同时提高原油产量，有利于提升油气产业经济效益，更有助于缓解石油对外依存度不断上升所带来的能源安全挑战。

一、技术现状

CCUS-EOR 技术是将捕集的 CO_2 注入地质构造完整、封闭性好、基础资料详实的已开发油藏补充能量，同时通过驱替提高原油采收率并实现 CO_2 埋存。CCUS-EOR 技术是目前是国际上应用最广泛的一种 CO_2 地质利用与封存技术，具有大幅提高采收率和埋碳减排的"双重效益"，技术经济可行，应用前景广阔。

1. 驱油技术

（1）宏观看，根据 CO_2 与石油接触状态，可分为混相驱油、近混相驱油、非混相驱油等三类。理论研究与实践均表明，对于给定油藏，混相驱采收率明显高于非混相驱、近混相驱。以 2014 年为例，美国混相驱项目和 EOR 产量均远高于非混相驱，总项目 139 个，其中混相驱高达 128 个；年驱油量 $1371×10^4t$，其中混相驱高达 $1264×10^4t$[25-30]。

（2）具体看，主要包括室内试验、数值模拟、油藏工程、注采工艺、防窜封窜、经济评价等技术。我国 CO_2 驱以陆相油藏为主，陆相沉积储层非均质性强，注气驱油时存在因 CO_2 和地层原油流度不同导致的驱替介质突进等问题，吉林油田以"保混相、控气窜、提效果"为目的，形成了水气交替＋泡沫驱组合调控技术，有效延缓油井见气时间，提高了 CO_2 驱油效果。水气交替是利用水与原油流度比低于 CO_2 与原油流度比的特点，通过注水及时封堵大孔道，形成弱调驱功能，既可充分利用 CO_2 混相驱优势，又可减少 CO_2 的指进，扩大波及体积。CO_2 泡沫驱是利用注入药剂形成泡沫流，阻碍气体推进，能够减缓层间和层内矛盾，控制气体的窜流。

（3）从发展上看，应用领域由常规油藏进入非常规油藏，CO_2 驱油与压裂工程技术逐步融合，CO_2 压注一体化技术、CO_2 驱埋一体化优化技术成为热点。

中国石油通过十五年持续攻关试验，创建了碳捕集与输送、油藏工程、防腐、封存监测、地面、产业战略及标准体系等 30 项关键技术，形成了捕集、运输、利用和埋存全产业链技术体系（图 3-8）。

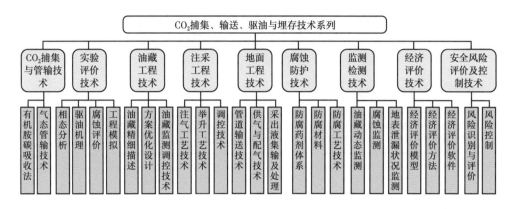

图 3-8　中国石油 CCUS-EOR 全产业链技术体系

2. 典型案例

（1）国外 CCUS-EOR 案例。主要集中在美国、加拿大等发达经济国家，特别是美国 CCUS-EOR 项目率先起步于 20 世纪 50 年代，在 60—70 年代持续攻关关键技术，70—90 年代逐步扩大工业试验规模，80 年代中期进入商业推广。驱油年产量在 20 世纪 80 年代初突破 $100 \times 10^4 t$，90 年代中期突破 $1000 \times 10^4 t$，2012 年突破 $1500 \times 10^4 t$ 并保持稳定。

美国 CCUS-EOR 项目取得很好应用效果。其中，Kelly-Snyder 油田 SACROC 项目是美国最典型、最成功的 CO_2 混相驱油实例之一[31]，该区块属低渗透碳酸盐岩油藏，地质储量约 $4.1 \times 10^8 t$，油藏埋深 1800~2100m，储层渗透率 1~30mD，原油相对密度 0.82，原油黏度 0.35mPa·s，1949 年投入开发，1974 年产量达到历史峰值 $1020 \times 10^4 t$，1998 年递减到 $40 \times 10^4 t$。2002 年开始实施 CO_2 混相驱项目，2005 年产量上产到 $150 \times 10^4 t$ 以上，之后持续稳产 16 年，累计增油 $2456 \times 10^4 t$，累计注入 CO_2 量 $3.9 \times 10^8 t$，预计提高采收率 26 个百分点以上（图 3-9）。

美国 CCUS-EOR 产业体系成熟配套并持续拓展，形成涵盖大规模 CO_2 捕集、长距离超临界管道输送、大规模驱油油藏工程设计、大规模埋存安全检测等关键技术体系，注采和地面工程设备简易高效、自动化程度高，动态监测和适时优化调整技术持续发展，产出气循环利用技术满足项目整体提效要求，实现了全流程封闭零排放的目标。

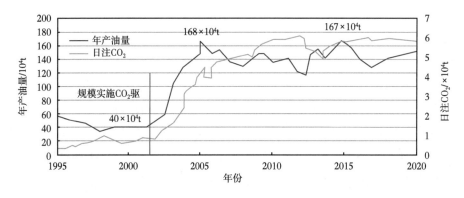

图 3-9　美国 SACROC 项目 CO_2 驱年产油与日注气量曲线

（2）国内 CCUS-EOR 案例。20 世纪 60 年代石油企业及有关院校开始探索 CO_2 驱油技术，其后因认识、气源、装备等问题而滞后。2000 年以来，国家和各大油公司相继设立多个不同层次 CO_2 驱油技术研发项目，包括"863 计划""973 计划"、国家科技重大专项及油公司级重大支撑项目，推动了关键技术突破和矿场试验成功（表 3-10）。

表 3-10　我国已实施 CCUS-EOR 主要项目汇总 [32]

项目名称	投运年份	排放源	运输方式	年注入规模 / 10^4t	状态
中国石油吉林黑 59、黑 79 南、黑 79 北、黑 46 CCUS-EOR 项目（4 项）	2007	天然气净化	管道	30	运行
中国石油大庆芳 48、树 101、北 14 CCUS-EOR 项目（3 项）	2008	天然气净化	罐车	30	运行
中国石油大庆榆树林、海塔 CCUS-EOR 项目（2 项）	2009	天然气净化	罐车	10	运行
中国石化胜利油田高 89 CCUS-EOR 项目	2010	燃煤电厂	罐车	4	运行
中联煤层气 CCUS-EOR 项目	2010	燃煤电厂	罐车	10	关停
延长石油陕北煤化工 CCUS-EOR 项目	2013	煤化工	罐车	5	运行
中国石油长庆姬塬油田 CCUS-EOR 项目	2014	煤化工	罐车	10	运行
中国石化中原油田草舍、濮阳 CCUS-EOR 项目（2 项）	2015	化工厂	罐车	20	运行
中国石油新疆八区 530 克下 CCUS-EOR 项目	2017	克石化制氢	罐车	5	运行
中国石化华东石油局南化公司 CCUS-EOR 项目	2021	炼化煤制氢	罐车	20（新增 10）	运行
中国石化齐鲁石化—胜利油田 CCUS-EOR 项目	2022	炼化煤制氢	管道	100	运行

中国石油先期以吉林油田为先导试验基地，后期拓展到大庆、长庆、新疆等油田，持续深化陆相油藏 CO_2 驱油与埋存技术攻关，全面构建 CCUS-EOR 全流程技术体系。相继共开展重大开发试验 11 项，累计埋存 CO_2 量超过 $450×10^4t$、占全国总量的近 70%，累计增油超过 $100×10^4t$，2021 年注入 CO_2 量 $56.7×10^4t$、产油 $20×10^4t$[33]，具有显著的增产原油和埋存减排效果，2022 年年注入 CO_2 量 $100×10^4t$ 以上。其中，吉林油田建成 CO_2 驱油与埋存示范区 5 个，CO_2 年注入能力 $80×10^4t$，年产油能力近 $20×10^4t$，现已累注 CO_2 量 $268×10^4t$，增加经济可采储量 $134×10^4t$，黑 79 北小井距试验区 CO_2 混相驱，核心区阶段提高采出程度 24 个百分点，预计提高采收率 25 个百分点以上；大庆油田累计注入 CO_2 量 $189×10^4t$，年注入 CO_2 能力 $30×10^4t$，年产油能力 $10×10^4t$，树 101 区块特低渗透油藏 CO_2 非混相驱预计提高采收率 10 个百分点以上。

中国石化经过 10 余年技术攻关，形成不同油藏类型 CO_2 驱提高采收率技术体系，在中原、胜利、华东等油田开展多个矿场试验并取得明显效果。累计实施 CO_2 驱油项目 5 个，覆盖地质储量 $2512×10^4t$，累计增油 $25.58×10^4t$[33]。其中，胜利油田高 89-1 区块 CO_2 近混相驱先导试验，截至 2021 年 8 月累计注入 CO_2 $31×10^4t$，累计增油 $8.6×10^4t$，预测可提高采收率 17.2 个百分点。齐鲁石化—胜利油田百万吨级 CCUS-EOR 项目投产，为 CCUS-EOR 技术规模应用奠定了重要基础。

二、技术发展

1. 问题与挑战

（1）CCUS-EOR 项目有待进一步提高效率，目前 CO_2 驱油提高采收率幅度 10~25 个百分点，CO_2 埋存率 60%~70%。在目前技术水平下，驱油生命周期结束后，地下仍剩余 50% 以上的原油地质储量[33]，更大幅度提高采收率和 CO_2 埋存率，具有十分重要的意义和实际价值，但来自技术与经济方面的挑战更大。

（2）目前矿场试验项目尚未发现 CO_2 泄漏，但碳安全埋存是一项长期工程，项目周期 10~20 年，大规模长期监测经验不足，长效安全防控仍面临挑战。

中国石油二氧化碳捕集、利用与封存
（CCUS）技术丛书

（3）目前，国内外普遍缺乏与 CO_2 驱油项目相对应的碳减排方法学，这将导致其碳减排量难以被科学严格认证，不能进入碳交易市场或碳减排项目市场进行交易，进而对 CO_2 驱油项目的经济性产生负面影响。

2. 潜力与前景

（1）CCUS-EOR 增产原油和埋存减排潜力巨大，我国油田已动用储量中适宜 CO_2 驱提高采收率的低渗透油藏地质储量较大，前期驱油阶段以及后期纯埋存阶段 CO_2 埋存潜力较大。

（2）CCUS-EOR 产业发展具有良好经济效益，在产业配套政策落实、原油价格按 3059 元 /t 考虑的情况下，预测到 2030 年，我国可建成多个不同类型油藏的年百万吨级 CCUS-EOR 工程，工业产值可达到 233 亿～467 亿元；到 2050 年，CCUS-EOR 实现广泛商业化应用，工业产值可达到 778 亿～1556 亿元。

（3）CCUS-EOR 产业发展可创造可观的社会效益。按 2060 年碳中和计算，当前高碳排放基础设施使用期限不足 40 年，通过 CCUS-EOR 规模化发展解决煤电、水泥、钢铁等行业的部分 CO_2 排放问题，可避免新投建基础设施提前关停和投资浪费，提高碳中和过程中的成本效益[34]，还可为社会提供大量就业机会。

第五节　二氧化碳埋存技术

按照封存地质体的特点，CO_2 封存主要划分为陆上咸水层封存、海底咸水层封存、枯竭油气田封存等方式。除上述三种主要方式外，还应包括 CO_2 驱油与埋存，这在 GCCSI 等国际机构年度统计口径中均有体现，已经得到业界认可。CO_2 在油藏地质体中埋存方式包括自由气相、溶解和矿化等状态，在埋存的不同阶段，各种状态所占比例不尽相同，且不断地相互转化。实践中主要是通过油藏数据库或者数值模拟选取埋存区域，计算埋存潜力，确定注采参数，设计驱油和埋存运行方案，进行经济评价后赋予实施。吉林大情字井油田埋存 CO_2 采用地质埋存与提高采收率（EOR）相结合的方式，通过注入井将 CO_2 注入到油藏中，多数 CO_2 以自由态、溶解态和矿物状态储存在地下孔隙中，少数 CO_2 在驱油过程中突破驱替前缘，随油井伴生产出，产出的 CO_2 再通过地面循环注入系统回注到油藏。在油藏埋存 CO_2 过程中，地质原因与工程原因是 CO_2 泄漏的主要因素。为保障埋存长期安全性，需要配备安全监测技术。主要有土壤碳通量监测、浅层流体组分监测、碳同位素监测、油藏参数监测、示踪剂监测等技术方法。

一、潜力计算方法

CO_2 封存潜力的评估方法主要是基于碳封存领导人论坛（CSLF）或者美国能源部（US-DOE）提出的方法[35]。二者的差异主要在于 CO_2 封存机理和封存效率系数。CSLF 主要考虑构造封存，封存效率通过现场试验或者数值模拟得到。US-DOE 的封存效率系数通过地层岩性得到。US-DOE 的评价方法是应用更为广泛的方法。CSLF 根据评估精度的增加将 CO_2 封存潜力分为了四个级别：理论封存量、有效封存量、实践封存量以及匹配封存量[36]。理论封存量假定 CO_2 能够占据所有的地层孔隙空间，这是最为理想的一种情况。有效封存量在理想封存量的基础上考虑了地质和工程限制条件。实践封存量是在有效封存量的基础上乘以一个封存系数，即考虑了 CO_2 能够占据的地层孔隙空间比例。

考虑到技术成熟度和运营成本，煤层和深海封存在短期内并不适合用作 CO_2 封存。油气藏由于存在完整的构造、详细的地质勘探基础等条件，是最适合 CO_2 封存的地质场所。此外，深部咸水层由于其具有广泛的分布和相对较大的封存潜力，也是较为理想的 CO_2 封存场所。因此，本书主要考虑了油气藏和深部咸水层的封存潜力。

1. 油气藏二氧化碳封存潜力计算方法

油气产出后，油气藏剩余的地下空间本身就是一个良好的 CO_2 地质封存场所。相比咸水层、煤层，油气藏具有良好的封闭性，往往无需进行适宜性评价，只需从盆地的一级构造单元入手即可，而油气开采工作中所积累的地质资料也

为 CO_2 注入提供了资料保障。枯竭油气藏 CO_2 封存一般属于物理封存，其封存量即为油气开采后所产生的能够用于封存 CO_2 的空间体积。

枯竭油气藏对于埋存 CO_2 具有如下优势：（1）埋存 CO_2 开发成本低；（2）储层证实是圈闭，埋存油气几百万年；（3）储层地质特征清楚；（4）部分原有油气生产装置可以用于注入 CO_2；（5）许多油田使用常规方法采油，注入 CO_2 可提高采收率 10%~15%。

（1）物质平衡法。

物质平衡封存量计算法主要应用于油气藏和不可采煤层的 CO_2 封存量计算。其理论建立在"油气开采所让出的空间被等量 CO_2 占据"的理想假设之上，只关注理论存储体积，不考虑 CO_2 溶解等捕获机制。该方法主要通过将可采油气资源量换算为储层原位条件下的空间体积，利用储层条件下的 CO_2 密度进一步换算为潜力封存量。

基于物质平衡计算理论，碳封存领导人论坛提出，油藏中的潜力封存量计算公式为：

$$M_{CO_2t} = \rho_{CO_2r} \left(\frac{R_f \cdot V_{OOIP}}{B_f} - V_{iw} + V_{pw} \right) \qquad (3-1)$$

在气藏中 CO_2 的理论储存量可以用式（3-2）计算：

$$M_{CO_2t} = \rho_{CO_2r} \cdot R_f \left(1 - F_{IG} \right) V_{OGIP} \left(\frac{P_s Z_r T_r}{P_r Z_s T_s} \right) \qquad (3-2)$$

根据储层几何形状参数（面积和厚度）改进的油气藏中 CO_2 潜力封存量计算公式为：

$$M_{CO_2t} = \rho_{CO_2r} \left[R_f Ah\varphi(1 - S_w) - V_{iw} + V_{pw} \right] \qquad (3-3)$$

式中　　M_{CO_2t}——CO_2 潜力封存量，kg；

　　　　ρ_{CO_2r}——地层条件下 CO_2 的密度，kg/m^3；

　　　　R_f——采收率；

A——油气藏面积，m^2；

h——油气藏有效厚度，m；

φ——平均孔隙度；

S_w——储层平均含水饱和度，$1-S_w$ 表示含油气饱和度；

F_{IG}——井口采收 CO_2 的气体占比；

P——压力，MPa；

T——温度，K；

Z——气体压缩因子；

下标 r 和 s——地层条件和地表条件；

V_{OOIP}、V_{OGIP}——石油和天然气原始地质储量，m^3；

V_{iw}、V_{pw}——注入水和产出水的量，m^3。

（2）有效容积法。

有效容积封存量计算法是基于地质体有效储集空间的概念建立起来的，其方法原理是通过计算有效储集空间，包括构造储集空间和束缚储集空间，利用有效储集空间与储层条件下的 CO_2 密度计算得到 CO_2 有效封存量。该方法可应用于油气藏、不可采煤层的 CO_2 潜力封存量计算。

在油气藏潜力封存量计算方面，US—DOE 提出了利用油气藏孔隙体积结合存储效率因子计算 CO_2 潜力封存量的计算方法。公式为

$$M_{CO_2t} = \rho_{CO_2r} A h \varphi (1-S_w) BE \tag{3-4}$$

式中　B——体积系数（单位质量的油气在地层压力下的体积与其在标准大气压下的体积之比）；

　　　E——存储效率因子（储存的 CO_2 体积与采出油气的体积之比）。

非均质储层取平均值的计算对潜力评价结果的影响较大。相比于各类方法的选择，地层参数的不确定性对评价结果的影响更大，选择平均化地层参数评价 CO_2 封存潜力的结果往往与实际偏差较大，极大降低了评价结果的可信度。

实际工作中，部分地区过往已开展过详细的深部地层划分、物探、钻探等地质工作，获取了计算 CO_2 潜力封存量的相关参数，这些地区的潜力封存量计算结果较为可信。其他地区由于缺乏相关的地质勘查数据资料，或仅有埋深、厚度、分布范围等基本地层资料，缺乏评价必须的孔隙度等参数，其潜力封存量计算结果可信度相对较低。

2. 盐水层二氧化碳封存潜力计算方法

在盐水层中封存 CO_2 是最可行的技术部署方案之一，相比其他封存地点，盐水层封存的成本低、封存潜力最大，是中长期 CO_2 深度减排的主要方式，据中国 2021 年 CCUS 年度报告，中国深部盐水层的封存容量为 $1600 \times 10^8 \sim 24200 \times 10^8 t$，封存潜力巨大。

（1）封存机理法。

①构造封存。

欧盟委员会（European Commission）于 2005 年做过盐水层 CO_2 埋藏量的研究，采用的是 Koide[37] 于 1995 年提出的面积法。该方法假设目标盐水层是密闭的，基质及孔隙流体的压缩性作为储层空间来源。对 100m 厚的盐水层的计算范围做如下估计：深部盐水层的覆盖系数（ F_{AC} ）为 50%，即有 50% 的面积适合于储存 CO_2，每单位面积的储存系数（ S_F ）是 200kg/m^2，则深部盐水层中 CO_2 的储存潜力可按式（3-5）计算：

$$M_{构造} = F_{AC} S_F AH \qquad (3-5)$$

式中　$M_{构造}$——构造封存的有效封存量，kg；

　　　F_{AC}——盐水层 CO_2 覆盖系数，取 50%；

　　　S_F——CO_2 封存系数，取 200 kg/m^3；

　　　A——盐水层面积，m^2；

　　　H——盐水层厚度，m。

US—DOE[38]（United States Department of Energy，美国能源部）假设盐水层内所有孔隙均用于碳封存，CO_2 注入到盐水层中后将替孔隙所占据的体积，

最终得到 CO_2 封存量计算公式为式（3-6）：

$$M_{构造} = AH\varphi\rho_{CO_2} \cdot E \qquad (3-6)$$

式中 φ——目标盐水层孔隙度，%；

ρ_{CO_2}——地层条件下 CO_2 的密度，kg/m^3；

E——有效封存系数。

公式中有效封存系数 E 反映的是理想条件下有效封存量与理论封存量之间的比值，用于矫正计算参数与实际参数之间的差距，受储层地质特征、封存机理、地球化学、地层温度、压力等因素的影响，其中地层压力和封存时间影响最大[39]。我国地质背景复杂，各大盆地储层参数差异较大，有必要开展相应数值模拟和实验研究针对不同区域和场地尺度确定相对精准、可靠的封存系数[40]。

CSLF[41]（Carbon Sequestration Leaders Forum，碳封存领导人论坛）基于有效容积法提出了盐水层中 CO_2 有效封存量的计算方法，该方法假定 CO_2 在深部盐水层的封存量由构造封存、溶解封存、残余气封存三部分组成，其中构造地层封存的有效封存量计算公式为：

$$\begin{aligned} M_{构造} &= \rho_{CO_2}V_{trap}\varphi \cdot (1-S_w) \cdot E \\ &= \rho_{CO_2}AH\varphi \cdot (1-S_w) \cdot E \end{aligned} \qquad (3-7)$$

式中 V_{trap}——构造封存圈闭的体积，m^3；

S_w——残余水饱和度，%。

师庆三[42]（2021）和刁玉杰等[43]（2019）等基于 US—DOE 方法对四川盆地、新疆吐哈盆地、准噶尔盆地、塔里木盆地中的盐水层的理论封存量进行评估，研究发现在不同的沉积盆地中，相比油气藏和煤层，深部盐水层都具有最大的封存潜力。李琦等[44]考虑沉积盆地盐水层的差性异，用 DOE 公式模拟计算得到我国 25 个主要沉积盆地盐水层的 CO_2 有效封存量，约为 1191.95×10^8t。

基于构造封存机理的盐水层封存潜力评估方法由于涉及参数少，计算简便，被广泛推广应用。但该方法所计算的封存潜力是一个整体概念，不同学者对同一目标区域进行封存潜力评估时，考虑到参数选取过程中所考虑的各种影响因素及影响程度并不相同等方面的因素，所计算的结果有很大差异。构造封存机理评估方法没有考虑目标储层的具体储层物性，如有效孔隙度、有效厚度及非均质性的影响[45]，且没有考虑 CO_2 溶解在水中的部分，该方法只能大概反映 CO_2 在深部盐水层中的封存量，具有一定参考价值，准确性并不是很高。

②残余气封存。

根据 CSLF[41] 提出的计算方法，残余气封存的理论封存量公式为：

$$M_{残余气} = \Delta V_{trap} \varphi S_{CO_2} \rho_{CO_2} \qquad (3-8)$$

式中 $M_{残余气}$——残余气封存的理论封存量，kg；

ΔV_{trap}——残余气封存体积，m^3；

S_{CO_2}——CO_2 的残余饱和度，%。

残余气封存中的封存体积是随时间不断变化的，随着 CO_2 气体的扩散和迁移而增加，因此该机理的封存潜力评估应基于某一时间点。且由于残余气封存通常与溶解封存同时出现，所以对目标盐水层封存潜力进行评估时一般将残余气封存和溶解封存二者结合起来。

③溶解封存。

在进行碳封存之前，在初始的自然条件会有一部分无机碳溶解在地层水，是盐水层中的初始碳含量，但是由于盐水层的地层水在地表条件下会析出很多气体，所以难以确定其含初始含碳量。Bachu[46] 的研究表明，在不考虑盐水层初始碳含量的情况下，计算所得的 CO_2 封存量稍微偏大 1.3%，基本可以忽略。

CSLF[41] 等采用忽略初始碳含量的方式直接利用溶解度计算碳封存量：

$$M_{溶解} = AH\varphi \cdot \left(\rho_s X_s^{CO_2} - \rho_i X_i^{CO_2} \right) \qquad (3-9)$$

简化后得：

$$M_{溶解} \approx AH\varphi\rho_i R_{CO_2} M_{CO_2} \qquad (3-10)$$

式中　$M_{溶解}$——CO_2 在盐水层溶解封存的理论封存量，kg；

　　　ρ_s——地层水被 CO_2 饱和时的平均密度，kg/m³；

　　　ρ_i——地层水初始的平均密度，kg/m³；

　　　$X_s^{CO_2}$——地层水被 CO_2 饱和时 CO_2 占地层水的质量分数，%；

　　　$X_i^{CO_2}$——初始 CO_2 占地层水的质量分数，%；

　　　R_{CO_2}——CO_2 在地层水中的溶解度，mol/kg；

　　　M_{CO_2}——CO_2 的摩尔质量，0.044kg/mol。

李小春等人[47]（2006）在 CSLF 的公式的基础上，提出考虑了实际面积和实际厚度的 CO_2 有效封存量计算公式，并且根据公式计算出中国深部盐水层的有效封存量为 1.43505×10^{11}t：

$$G_{溶解} = aA\eta H\varphi\rho_s R_{CO_2} M_{CO_2}　　　　　（3-11）$$

式中　$G_{溶解}$——CO_2 在盐水层中溶解封存的有效封存量，kg；

　　　a——CO_2 在盐水层封存的实际面积占沉积盆地面积的比例，可取经验值 0.01；

　　　η——盐水层实际厚度占总厚度的比例，可取经验值 0.1。

以上公式均采用了 CO_2 在盐水中的溶解度计算溶解封存量，溶解度是决定溶解封存量的关键参数，影响因素主要有地层温度、压力、盐水层矿化度及 pH 等，在低温、高压及低矿化度环境中溶解度较高[48]，一般根据经验公式确定。该方法除了要忽略原始水中的含碳量，而且要确保地层水溶解饱和后的 CO_2 不使储层矿物发生溶解或析出，事实上，考虑到储层非均质性，储层不可能完全被饱和，所以该计算方法精度不高。

④矿物封存。

由于复杂性强、时间尺度大以及影响因素众多，储层水的组成，矿物岩石组成，体系温度、压力等，固—液界面张力，流体流速也在矿化过程中都发挥作用，目前关于矿物封存量的计算公式很少，准确评价矿物封存潜力尚需深入研究。不少学者通过室内实验或数值模拟对地层中主要矿物的封存量进行研究。XU 等[49] 通过 TOUGHREACT 假设原生矿物完全溶蚀，计算出了地质封存时不同矿物的最大封存量，发现墨西哥湾海岸封存矿物主要是铁白云石和片钠铝石。

McGrail 等[50] 和张亮[51] 等通过假设 CO_2 在玄武岩中的封存潜力主要由矿物封存机理贡献，则其封存潜力可据下式计算：

$$T_{CO_2} = m_{CO_2} AH(1-\phi)C_{eff} \qquad (3-12)$$

$$m_{CO_2} = \sum \left(\rho_r \cdot \frac{w_B}{M_B} \right) M_{CO_2} \qquad (3-13)$$

$$C_{eff} = C_{Aeff} C_{react} \qquad (3-14)$$

式中　T_{CO_2}——CO_2 在玄武岩中的封存潜力，$10^6 t$；

m_{CO_2}——单位体积玄武岩的理论固碳能力，t/m^3；

A——玄武岩储层面积，km^2；

H——玄武岩储层厚度，m；

φ——玄武岩储层的孔隙度；

C_{eff}——CO_2 在玄武岩储层中的有效封存系数，主要由注入 CO_2 的波及系数 C_{eff} 和固碳反应达到平衡时对固碳矿物的利用率 C_{react} 等因素共同决定；

ρ_r——玄武岩密度，t/m^3；

w_B——玄武岩中 CaO、MgO、FeO 的质量分数；

M_B——CaO、MgO、FeO 的摩尔质量，kg/mol。

其中，当对玄武岩储层 CO_2 埋存潜力进行概算时，可假设 C_{eff}=1；当对玄武岩储层 CO_2 封存潜力进行详细评估时，需要根据实验及数模结果决定 C_{eff} 取值。

DING 等[52] 假设一年内 CO_2 矿物封存的速率保持不变，根据特定时间点对矿物封存量进行评估，以年为单位计算每年封存量，得到盐水层封存期间矿物封存量计算式如下：

$$M_{矿物} = \sum \left(rM_{CO_2} \times 3.153\ 6 \times 10^{12} \right) \cdot t \qquad (3-15)$$

式中　$M_{矿物}$——矿物封存理论封存量，kg；

　　　r——矿物溶解速率，mol/s；

　　　t——矿物封存时间，a。

理论上盐水层 CO_2 总的埋存潜力应该是 4 种埋存机理的埋存量之和，即：

$$M_{总} = M_{构造} + M_{残余} + M_{溶解} + M_{矿物} \qquad (3-16)$$

但是，在实际封存过程中由于地层水动力作用，在长时间尺度范围内，地质构造中圈闭的 CO_2 可认为完全溶解在地层水中，即构造封存转化为了溶解封存，而矿物封存反应速率小于 CO_2 溶解速率。故盐水层中 CO_2 封存潜力可认为只由残余气封存和溶解封存构成[53-54]，即：

$$M_{总} = \left(M_{残余气} + M_{溶解} \right) \cdot E \qquad (3-17)$$

（2）其他方法。

Zhu[55] 通过 CO_2 源—汇之间的地理匹配关系，以及每个源的 CO_2 排放量和每个地质封存点的封存容量，主要评估了苏北—南黄海盆地 CO_2 地质封存量为 52.1×10^6 t，并且按断层将其划分为 28 个封存区块。

Kim Y 等[56] 通过提出应用人工神经网络（ANN）预测深部盐水层的 CO_2 封存的储存效率，建立了基于立了基于神经网络的数值模型，确定了 CO_2 封存的影响因素和范围。张延旭等[57] 采用人工神经网络中的 BP 算法对油藏埋存 CO_2 效果进行评价预测，最终发现神经网络方法具有更适应性，能较好的反映影响各影响因素与埋存系数的内在联系。

二、监测技术

CO_2 封存地质体往往具有较为稳定的储盖层组合及构造圈闭，然而断层和裂缝系统的存在增大了 CO_2 泄漏的风险性，因为 CO_2 注入后物理化学共同作用下可能诱发断层活化及裂缝延伸，形成 CO_2 泄漏通道。此外，注入的 CO_2 可能腐蚀固井水泥环和套管进而破坏井筒完整性，也可能突破盖层的毛管压力或者压裂盖层从而形成泄漏通道，如图 3-10 所示[58]。因此，为降低 CO_2 泄漏及其安全环境风险，保证 CO_2 地质利用与封存工程安全可靠，需要监测储层中 CO_2 的运移及赋存状态、以及地层岩石和流体的状态埋存。

CO_2 监测技术种类繁多，按照技术类型可以分为地球物理监测、地球化学监测、遥感监测、示踪剂监测等。根据监测时段不同可以分为 CO_2 注入前监测、注入中监测和注入后监测。根据监测位置不同，则可以分为地下监测、地表监测、和空中监测。本章按照监测位置不同分别对地下监测技术、地表监测技术以及空中监测技术进行介绍。

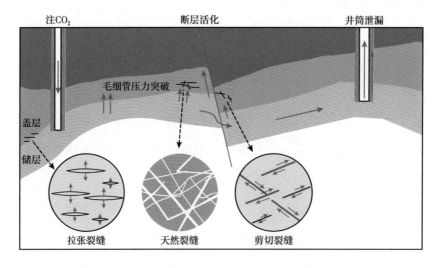

图 3-10　CO_2 潜在泄漏通道示意图[58]

1. 地下监测技术

地下监测与评估的对象主要包括：井筒的完整性、盖层的封闭性、地层压力、地层温度、地层流体地球化学影响、地质力学影响、CO_2 羽流运移范围等，并在监测的基础上开展安全评估和风险管理。在地层监测的各种监测项目中，压力监测是最重要的参数之一。在 CCS 项目实施过程中，需要对地层压力进行监测，从而防止因压力上升至破裂压力而导致压裂地层，导致 CO_2 发生泄漏。目前全球已经应用示范的地下监测技术及其应用项目有（1）3D 地震勘探，应用于澳大利亚 CO_2-CRC Otway 项目、加拿大 Weyburn CO_2 驱油项目、澳大利亚 Gorgon 项目、挪威 Sleipner 项目；（2）VSP，应用于澳大利亚 CO_2-CRC Otway 项目、加拿大 Weyburn CO_2 驱油项目、中国神华项目；（3）井底温度压力监测，应用于中国神华项目；（4）深井取样监测，应用于中国神华项目；（5）地下水化学组分监测，应用于澳大利亚 CO_2-CRC Otway 项目、加拿大 Weyburn CO_2 驱油项目；（6）气相组分监测，应用于澳大利亚 CO_2-CRC Otway 项目、澳大利亚 CO_2-CRC Otway 项目；（7）示踪剂监测，应用于澳大利亚 CO_2-CRC Otway 项目、中国神华项目；（8）地下化学变化，应用于澳大利亚 CO_2-CRC Otway 项目、加拿大 Weyburn CO_2 驱油项目；（9）微地震，应用于澳大利亚 CO_2-CRC Otway 项目、加拿大 Weyburn CO_2 驱油项目；（10）地层微电阻成像，应用于加拿大 Weyburn CO_2 驱油项目等。各种地下监测技术使用范围、技术局限、应用阶段及技术水平详见表 3-11。

表 3-11　地下监测技术 [59-60]

序号	监测技术	监测目的和适用范围	技术局限	应用阶段	技术水平
1	三维地震	地层表征与地质结构	若流体与溶解的岩石之间阻抗对比小，无法很好成像	注入前、注入、注入后、闭场	成熟技术
2	垂直井间地震（VSP）	CO_2 在井间的运移分布	仅限井间区域及井周区域	注入前、注入、注入后	成熟技术
3	微震	地层的微地震行为，获取裂隙扩展	背景噪声的剥离	注入前、注入、注入后、闭场	成熟技术
4	电法	监测空隙流体的电阻变化	分辨率和深度范围有待提高	注入前、注入、注入后、闭场	成熟技术
5	地球化学方法	监测地层内流体组分	一般基于钻井取样技术监测地层内流体组分变化，监测范围有限	注入前、注入、注入后、闭场	成熟技术
6	井下压力/温度监测	地层内压力与温度变化	更换井下仪表代价较高	注入前、注入、注入后、闭场	成熟技术

续表

序号	监测技术	监测目的和适用范围	技术局限	应用阶段	技术水平
7	环空压力监测	监测套管和油管的泄漏情况	测量时需暂停注入	注入前、注入、注入后、闭场	成熟技术
8	大地电磁测量	监测海拔倾斜的微小变化	相对分辨率低，用于 CO_2 运移监测还不成熟	注入前、注入、注入后、闭场	成熟技术
9	电磁法	CO_2 分布运移，地下土壤、水、岩石的电导率；数据采集速度快	金属矿物的影响较大，对 CO_2 敏感	注入前、注入、注入后、闭场	成熟技术
10	电磁感应成像	监测 CO_2 分布运移情况	要求非金属套管	注入前、注入、注入后、闭场	成熟技术
11	电阻层析成像	CO_2 运移与反应带运移；监测地下导电性变化	监测 CO_2 运移还不完善	注入、注入后、闭场	成熟技术
12	多参数测井	监测岩性和流体特征，通过伽马、中子、电阻、波速等多种参数演化	监测范围局限在钻井周边	注入前、注入、注入后、闭场	成熟技术
13	重力监测	监测 CO_2 垂直运移情况	无法成像溶解的 CO_2，精度有限	注入前、注入、注入后、闭场	研发技术
14	深井取样监测	CO_2 运移与反应带运移及演化	基于钻孔监测	注入前、注入、注入后、闭场	成熟技术
15	示踪监测	CO_2 运移与地下水运移	需要与深部取样监测同步	注入、注入后、闭场	成熟技术

2. 地表监测技术

地表监测技术主要用于监测泄漏的 CO_2 对生态环境的影响，具体监测对象包括土壤气体组分、土壤 CO_2 通量和浓度、浅层地下水、地表形变、植被生长状况等。具体技术包括：利用卫星对地表的变形以及植被的生长状况进行监测、利用探针或红外气体分析仪对土壤中 CO_2 进行测量等。通过对这些监测数据资料进行分析，可以得到 CO_2 封存项目对该地区地质构造以及生态环境的影响程度。这些监测技术在澳大利亚 Gorgon 项目、阿尔及利亚的 In Salah 项目、中国神华项目等 CO_2 封存工程中得到了应用。CO_2 地表监测技术介绍详见表 3-12。

表 3-12　地表监测技术 [59-60]

序号	监测技术	监测目的和适用范围	技术局限	应用阶段	技术水平
1	卫星或机载光谱成像	地表植被健康情况和地表微小或隐藏裂缝裂隙发育	排除因素多，工作量大	注入前、注入、注入后、闭场	成熟技术
2	卫星干涉测量	地表海拔高度变化	可能受局部大气和地貌条件干扰	注入前、注入、注入后、闭场	成熟技术
3	土壤气体分析	浅层土壤内 CO_2 体积分数和流量	准确调查大型区域所需费用高、耗时长	注入前、注入、注入后、闭场	成熟技术
4	土壤气体流量	浅层土壤内 CO_2 流量	适用于在有限空间进行瞬时测量	注入前、注入、注入后、闭场	成熟技术
5	地下水和地表水水质分析	地下/表水中 CO_2 体积分数及水质变化	需要考虑水流量的变化	注入前、注入、注入后、闭场	成熟技术
6	生态系统监测	生态系统的变化	泄漏后才发生显著变化，同时各生态系统对 CO_2 的敏感程度不同	注入前、注入、注入后、闭场	研发技术
7	热成像光谱	CO_2 地表体积分数	在地质封存方面无大量经验	注入前、注入、注入后、闭场	研发技术
8	地面倾斜度/GPS 监测	地表变形	通常要远程测量	注入前、注入、注入后、闭场	成熟技术
9	浅层二维地震	CO_2 在地表浅层的分布情况布等	在不平坦地面无法监测，无法监测达到溶解平衡的 CO_2	注入	成熟技术

3. 空中监测技术

空中监测技术主要包括卫星监测技术和大气监测技术。卫星监测技术主要包括干涉合成孔径雷达、重力测量、高光谱分析等。大气监测技术主要是通过获取特定的红外谱段的影像数据来监测大气中的 CO_2 浓度，从而判断 CO_2 是否发生泄漏。除 CO_2 浓度之外，大气监测的对象还包括 ^{13}C 同位素、地面—大气 CO_2 通量、近地表连续 CO_2/SF_6 浓度等 [61]。大气 CO_2 监测点主要部署在 CO_2 埋存井附近、封存场地低地势处、以及主导风向的下风处等。除定点部署监测设备之外，还可采用机载和车载的自动监测仪器对空气中的 CO_2 浓度和流量进行连续监测，并对监测数据进行整理分析。机载红外激光气体分析监测可以借助直升机或者汽车进行运载，但是直升机运载成本比较高，因此对于长距离管道运输等情景，可以通过汽车机载分析仪进行监测。大气监测技术详见表 3-13。

表 3-13　空中监测技术[59-60]

序号	监测技术	监测目的和适用范围	技术局限	应用阶段	技术水平
1	远程开放路径红外激光气体分析	空气中 CO_2 体积分数分布	对于复杂的天气背景难以准确计算浓度，不适于监测少量泄漏	注入前、注入、注入后、闭场	成熟技术
2	便携式红外气体分析器	空气中 CO_2 体积分数分布	不能准确计算泄漏量	注入前、注入、注入后、闭场	成熟技术
3	机载红外激光气体分析	空气中 CO_2 体积分数分布	距离地面较远，监测准确度受影响	注入前、注入、注入后、闭场	成熟技术
4	涡度相关微气象	地表空气中 CO_2 流量	准确调查大型区域的费用高、耗时长	注入前、注入、注入后、闭场	成熟技术
5	红外二极管激光仪	地表空气中 CO_2 流量	应用范围小	注入前、注入、注入后、闭场	成熟技术

目前多种 CO_2 监测技术在一定规模的封存工程项目中开展了应用，基本形成了从空中到地表再到地下的一体化监测体系，能够支撑 CO_2 封存项目的实施，但具体技术在不同类型和大规模封存场所的应用效果，包括监测精度、解释结果的可靠性等，还有待进一步验证。大部分监测技术也有待进一步发展完善，其具体发展方向是小型化、大范围、高精度、低成本，包括星载光谱成像监测技术、深层流体状态监测技术、近地表土壤气分布式远程监测技术等是未来的重点发展方向。

第六节　吉林油田 CCUS 全流程技术体系

一、整体发展情况

中国政府高度重视、积极应对全球气候变化，通过国家自然科学基金、国家重点基础研究发展计划（"973"计划）、国家高技术研究发展计划（"863"计划）、国家科技支撑计划、国家科技专项和国家重点研发计划等一系列国家科技计划和专项支持了 CCUS 领域的基础研究、技术研发和工程示范等，有序推进不同行业的 CCUS 技术研发和示范。

多年来，中国石油、中国石化、中国华能集团、国家能源投资集团等大型能源公司陆续设立了多个科技和产业项目，基本形成了有特色的 CO_2 驱油与埋存配套技术，建成了若干代表性 CCUS-EOR 示范工程。经过多年攻关，基本基本形成 CO_2 驱油试验配套技术，建成 CO_2 驱油与封存技术矿场示范基地，驱油类 CCUS 技术在我国初步具备大规模推广的现实条件。吉林油田参加和承担主要驱油类 CCUS 研究项目，见表 3-14。

表 3-14　吉林油田参与或承担的主要 CO_2 驱油研究项目

序号	项目名称	执行周期	项目来源
1	温室气体提高石油采收率的资源化利用及地下封存	2006—2010 年	"973 计划"
2	CO_2 减排、储存和资源化利用的基础研究	2011—2015 年	
3	CO_2 驱油提高石油采收率与封存关键技术研究	2009—2011 年	"863 计划"
4	含 CO_2 天然气藏安全开发与 CO_2 利用技术 / 示范工程	2008—2010 年	国家科技重大专项
5	CO_2 驱油与封存关键技术 / 示范工程	2011—2015 年	
6	CO_2 捕集、驱油与封存关键技术研究及应用 / 示范工程	2016—2020 年	
7	含 CO_2 天然气藏安全开发与 CO_2 封存及资源化利用研究	2006—2008 年	中国石油重大科技专项
8	吉林油田 CO_2 驱油与封存关键技术研究	2009—2011 年	

20 世纪 90 年代，吉林油田在新立油田开展研究与试验。2008 年，吉林油田在黑 59 区块开展原始油藏 CO_2 驱先导试验。2010 年，吉林油田在黑 79 区块南开展中高采出程度 CO_2 驱先导试验，证明了吉林油田 CO_2 驱技术的可行性。2012 年，吉林油田在黑 79 北小井距开展 CO_2 驱全生命周期扩大试验，实现了伴生气"零排放"，构建了 CCUS 全流程。2020 年，吉林油田建成黑 125 加密五点工业化试验区，形成了新模块化地面工艺，注气、注水系统一体化设计，设

备集成橇装、多模块组合，实现井站无人值守。2022 年 6 月，吉林油田一期 $20×10^4t$ CCUS 工业化推广应用进入现场实施阶段，目前正在编制百万吨产能级 CCUS 示范工程实施方案。当前，矿场已建成 5 个 CO_2 驱油与埋存示范区，五类示范区动态埋存率达 91.6%。通过技术应用，吉林油田计划在"十四五"时期实现 CO_2 全部埋存推进大情字井油田"百万吨产能级 CCUS 示范区"，莫里青油田"百万吨埋存级示范区"试验。

"十四五"期间，吉林油田将充分发挥在碳埋存与驱油领域技术领先的优势，以及可作为碳埋存场所的油气藏资源优势，加快推进 CO_2 输送管道建设、将建成两大驱油与埋存基地，做好内部碳源消纳，并利用外部碳源扩大驱油埋存规模，为外部提供碳埋存服务。

吉林油田通过组织上述国家"863 计划""973 计划"、国家科技重大专项，以及中国石油重大科技专项、油田开发重大试验等一大批 CCUS 相关的产业技术研发项目，取得了一批重大技术成果，在吉林油田率先实现了 CCUS-EOR 全流程系统密闭循环，长期安全运行十余年，实现了技术引领，取得了一定的经济效益和显著的社会效益，积累了丰富的 CCUS-EOR 技术矿场应用宝贵经验。

在工艺装备方面，为了填补国内空白、实现装备自立自强，成都压缩机分公司自 2015 年开始持续开展项目攻关，通过强化与国内外厂家技术交流、引进成橇技术、深入开展成熟产品现场调研、加大产品设计制造创新性研究等途径方法，一举攻克了 CO_2 压缩机技术难题，掌握了机组产品设计制造关键技术。

2018 年 11 月，济柴第一代全国产化二氧化碳超临界注入压缩机组，在南方石油勘探开发有限责任公司福山油田首次实现国产化应用，至截稿时已平稳运行超过 17000h。在此基础上，为了响应国家"双碳"战略，推动实现企业低碳绿色转型，进一步攻关 CCUS 全产业链 CO_2 压缩机技术，提升压缩机应用水平，济柴公司自 2021 年开始，依托吉林油田 CCUS-EOR 百万吨级示范工程，对标进口机组和产业要求，成都压缩机分公司进一步延伸攻关，深入开展了第二代 CCUS 二氧化碳超临界注入压缩机组的产品研制工作，完全掌握了 50MPa 高压和 4500kW 大功率 CCUS 二氧化碳超临界注入压缩机组的设计制造技术。2023年 4 月，济柴首台套第二代 CCUS 二氧化碳超临界注入压缩机产品——28MPa高压二氧化碳超临界注入压缩机组研制完成。按照项目工作安排，机组正运往吉林油田黑 46 站，并将在完成现场安装调试后开展工业性试验。产品大规模量产投用后，第二代 CCUS 二氧化碳超临界注入压缩机组有望实现对同类进口产品的全面国产化替代。历经 30 多年攻关，吉林油田 CCUS 全产业链配套技术模式目前处于国内领先水平，并形成 CCUS "吉林模式"。

当前，吉林油田正着力打造着油田开发业务资源集约化、用能多元化、生产智慧化、产品低碳化的 "CCUS+" 新模式，创造着以 "CCUS+" 为支撑的未来油田 "新样子"，描绘着 "一体" "两翼" "三步走" 的 CCUS 发展蓝图，为集团公司绿色低碳发展贡献着 "吉林方案"。

未来，吉林油田将建设贯穿吉林省东西的 CO_2 输气管线，连接六地辐射周边的碳网，通过碳网引领吉林省石化炼化、传统煤电等高耗能企业的碳利用，依托地下油藏资源及未来油气枯竭后的储层资源，提供碳埋存空间，获取主动权；以技术领先为依托，全力推进碳埋存与驱油规模化应用，充分发挥协同带头作用，优化形成 "一体" "两翼" "三步走" 的 CCUS 工业化应用顶层设计，全力打造 CCUS 完整产业链，织牢吉林碳网，争当吉林碳链 "链长"，引领吉林省 "双碳" 目标实现。

二、吉林油田大情字井油田 CCUS 全流程技术体系

吉林油田在 CCUS 产业链上所有环节的关键技术，包括碳捕集技术、管道输送与地面工程技术、CO_2 超临界混相驱油机理、CO_2 驱油与埋存油藏工程设计技术、CO_2 驱注采工程技术、CO_2 驱安全风险控制技术，基本配套成熟，涵盖了从捕集到利用，利用再捕集到封存的全部工业化应用流程。（1）具备了 CO_2 捕集工程建设能力，明确了低浓度下胺法最经济，也适合电厂烟气捕集；（2）建成了 121km CO_2 输送管道，其中超过 1/3 是超临界—密相管道，并且已经试验成功了 $5\times10^4m^3/d$ 超临界—密相输送与注入技术；（3）形成了液相、超临界相二氧化碳注入工艺，实现连续多年安全注入，创新研发的连续油管低成本替代工艺降成本 60% 以上；（4）配套了"防腐—气举—助抽—控套"高效举升工艺，应用近 300 口井，实现了气油比大于 1000 条件下正常举升生产；（5）创新应用分级气液分输技术，实现了气窜后地面集输系统常态化生产；（6）建成了国内首套大型超临界二氧化碳循环注入系统，实现了 CCUS 全流程"零排放"；（7）研发一剂多效缓蚀阻垢剂，腐蚀速率控制在国标 0.076mm/a 之内，油井免修期高于水驱；（8）建立了低成本运维及管控模式，研发的跨平台大数据智能管控系统可节约人工 40%；（9）自主设计与采购国外设备相结合，建立了行业领先的 CO_2 驱油与埋存研究实验平台，能够获取油藏地质方案编制所需的基础数据；（10）建立了可靠预测关键生产指标的气驱油藏工程方法，为 CCUS 潜力评价和 CO_2 驱油方案设计提供新方法依据，避免国外软件"卡脖子"；（11）提出"混合水气交替联合周期生产"的方案设计与气驱油藏管理技术模式，现场应用效果显著，多个试验区提高采收率 10% ~ 20%，甚至更高。吉林油田孔隙型油藏的 CCUS-EOR 开发技术经受了实践长期检验，形成了可在松辽盆地复制的 CCUS 模式。

1. 二氧化碳捕集与输送技术

（1）CO_2 捕集技术。

吉林油田主要应用了溶液吸收法（胺法）、变压吸附法、膜分离法 3 种天然气分离捕集 CO_2 技术。其中溶液吸收法（胺法）主要用于捕集气田天然气中的 CO_2，其余两种用于油田气驱后伴生气的再次捕集分离。吉林油田溶液吸收法所用脱碳液为 N- 甲基二乙醇胺 + 新型专利活化剂、缓释剂，具有能耗低的优势。回收 CO_2 纯度可达 99.99% 以上，具有日处理含 CO_2 天然气 $450×10^4$ m^3 能力。已建成的变压吸附装置，由多组吸附塔组成，具有处理含 CO_2 天然气 $8×10^4 m^3/d$ 能力，所得 CO_2 纯度超过 95%。建成的 $5×10^4$ m^3/d 处理能力膜分离法处理装置，经处理后所得 CO_2 纯度达 95% 以上，处理后的天然气中 CO_2 体积分数小于 3%。

（2）CO_2 输送技术。

吉林油田前期采用槽车拉运方式进行小规模液态 CO_2 驱油埋存先导试验，

2010 年建成液态注入站后，采取更具优势的管道输送方式，共建成气态、液态、超临界 3 种相态输送管道 121 km，其中超过 1/3 是超临界—密相管道，并且已经试验成功了 $5\times10^4 m^3/d$ 超临界—密相输送与注入技术，确立了吉林油田 CO_2 驱主干网采用气相输送、超临界注入的运行模式。

2. 二氧化碳注入技术

（1）注入前增压技术。

CO_2 注入地下之前，需要根据气源条件、油藏要求、注入压力、注入规模等因素采用等不同注入前增压方式。吉林油田形成了液相、超临界相二氧化碳注入工艺，实现连续多年安全注入，创新研发的连续油管低成本替代工艺降成本 60% 以上，吉林油田矿场主要应用了三种技术。

①液相增压方式。吉林油田液态 CO_2 注入站毗邻长岭气田伴生气处理站，液态 CO_2 经管道输送至液态 CO_2 注气站低温储罐储存，在注气站用增压泵增压，通过注气管网注入各注气单井。该方式适用于 CO_2 气源与油田距离较近的 CO_2 驱项目，现场建有液态注入站一座（包含注入泵 3 台、喂液泵 3 台、储罐 2 座），液态 CO_2 注入能力 1440 t/d。

②超临界增压方式。吉林油田气态 CO_2 气体由管道输送至超临界二氧化碳注气站，在注气站通过高压压缩机增压，经注气管网注入各注气单井。共铺设气态 CO_2 输送管线 13.1 km，超临界态二氧化碳日注入能力达 $60\times10^4 m^3$。该方式适用于 CO_2 气源与油田距离较远的 CO_2 驱项目，整体运行成本低、能耗低。

③高压密相增压方式。2019 年吉林油田试验成功国内首套单井密相注入装置，捕集后的 CO_2 增压到密相状态通过管道输送到注气站，经增压泵增压后用密相泵经注气管网注入井下。日注 CO_2 能力达 $10\times10^4 m^3$。该方式适用于 CO_2 气源为超临界态或密相态、输送距离长、CO_2 用量规模大的驱油项目，具有设施建设投资小、输送注入能耗低、运行成本低的特点。

（2）井下注入技术。

吉林油田当前注气井采用耐 CO_2 腐蚀井口，采用 L–U –46 ～ 121℃ 温度级别。井口材质级别根据 GB/T 22513 标准选择 CC 级材质。注入管柱采用气密封管笼统、连续油管笼统、地面分层注气三种注入工艺，适应不同油藏需求。采取药剂防腐、药剂洗井等技术实现注气井防腐、防堵。

3. 二氧化碳驱油技术

（1）CO_2 驱动态调控技术。

陆相沉积储层非均质性强，注气驱油时存在因 CO_2 和地层原油流度不同导致的驱替介质突进等问题，影响注入 CO_2 波及效率而降低驱油效果。吉林油田以"保混相、控气窜、提效果"为目的，形成了水气交替＋泡沫驱组合调控技术，有效延缓油井见气时间，提高了 CO_2 驱油效果。

（2）高气液比油井 CO_2 驱采油技术。

随着 CO_2 注入量持续增加，见效油井产气量、CO_2 含量、套压持续上升，导致有杆泵泵效下降，甚至可能发生"气锁"不出液现象，影响生产时率。通过优化举升参数技术和举升工艺保障油井高效生产、建立了不同气液比范围下的携气举升工艺制度、研发了防气举升工艺，矿场应用 340 余口井，实现了气液比 50~100m^3/t 油井掺输平稳生产；研发的携气举升工艺配套工艺，矿场应用 280 余口井，实现了气液比小于等于 300m^3/t 油井的常态化安全生产；研发的机抽—自喷转换工艺，矿场应用 24 口井，实现了气液比大于 300m^3/t 油井的高效生产。

（3）采出流体处理及 CO_2 循环注入。

CO_2 注入油层进行驱油，在未进行最终埋存前，部分 CO_2 会随采油井采出流体一同采出，CO_2 驱油的高气液比生产状态对集输系统和油井正常生产造成很大影响，经过反复试验，形成了以气液分输为主的采出流体处理和 CO_2 循环注入技术。

① CO_2 驱采出流体处理。

CO_2 驱后原油发泡、温度降低对集输系统调控的影响较大，通过优化站内、站外 CO_2 驱采出流体处理工艺，站外气液分输工艺，实现了 CO_2 驱集输系统平稳运行。不再因温度降低冻堵管线、不会形成原油发泡影响气液分离、计量和输送，保障了集输系统的正常运行。

②产出 CO_2 气循环回注技术。

CO_2 驱见效后，CO_2 产出量伴随油气生产日益增多，循环回注是实现 CO_2 有效埋存的关键。结合吉林油田的实际情况，以不影响油藏最小混相压力为前提，形成了直接回注、混合回注、分离提纯后回注 3 种循环注入方式。

直接回注：当产出伴生气中 CO_2 体积分数高于 90% 时，采用超临界注入工艺直接回注。

分离提纯后回注：当油井产出伴生气中 CO_2 体积分数低于 90% 时，通过变压吸附技术分离出纯 CO_2，通过压缩机注入单井。

混合回注：通过模拟计算获得混相压力、驱替效率与伴生气 CO_2 浓度的最佳组合，确定最小 CO_2 浓度，采用纯 CO_2 作为调节剂调和伴生气中 CO_2 浓度达标后注入井内，该技术为吉林油田独创。将吉林油田油井产出伴生气与长岭气田脱碳后的纯 CO_2 混合，当混合气中 CO_2 体积分数超过 90% 后注入井内，节约了伴生气分离 CO_2 和液化存储成本。吉林油田 2018 年建成并投产国内唯一一座 CO_2 循环注入站，循环回注量大于 $10\times10^4m^3/d$，伴生气实现了"零排放"，完整实践了 CO_2 捕集、输送、注入及循环注入全流程技术体系。

4. 二氧化碳埋存安全监测技术

为有效监测泄漏状况，吉林油田优化形成了"土壤碳通量 + 浅层流体组分 + 碳同位素"三位一体的监测方法。

（1）土壤碳通量监测。吉林油田 CO_2 埋存现场利用土壤碳通量自动测量仪监测碳通量，注 CO_2 前后定期监测对比土壤碳通量与背景值，判断 CO_2 泄漏情况。

（2）浅层流体组分监测。吉林油田采取在 CO_2 驱油与埋存区域内布设地下浅层监测井，将监测层位的水、气样品采出，对 pH 值与 Cl^-、N_2、CO_2 浓度等指标进行分析，判断 CO_2 泄漏情况。

（3）碳同位素监测。吉林油田通过碳同位素分析仪分析样品碳同位素数据，利用自然界中因产生途径不同而导致的碳同位素差异，可以有效判断碳的来源。判断泄漏情况。

5. 二氧化碳腐蚀防护技术

CO_2 驱油与埋存过程中 CO_2 会加剧井筒、油气设备及管道等的腐蚀程度，快速降低其完整性，极易发生安全和生产事故。有针对性采取防腐技术是保障 CO_2 驱油与埋存安全的关键。

（1）二氧化碳腐蚀防护评价方法。

吉林油田利用高温高压釜、旋转挂片仪、应力反应釜、XRD 衍射仪、液相色谱仪、微相现象仪等搭建了腐蚀实验平台，通过对腐蚀产物的分析验证腐蚀因素，经过对实验数据总结，建立了 CO_2 腐蚀实验评价方法和 CO_2 腐蚀主控因素评价流程，形成了"室内实验＋中试试验＋矿场试验"一体化腐蚀实验评价方法，揭示了多重因素主导下的腐蚀规律。

（2）二氧化碳防腐技术对策。

针对吉林油田 CO_2 驱水质矿化度、CO_2 腐蚀、硫酸盐还原菌等腐蚀主控因素的影响，通过室内实验和矿场试验的实践，确立了"以 CO_2 防腐药剂为主，关键部件采用高等级材质为辅"的防腐技术路线。其中井筒工程采用碳钢加缓蚀剂，井口、封隔器、泵筒等核心设备与阀件采用不锈钢，输气管道采用 Q345B 无缝钢管，地面管网主体采用不锈钢材质加缓蚀剂，部分采取非金属材料。

研发形成了缓蚀、杀菌一体化配方体系，主要由咪唑啉衍生物、喹啉季铵盐和十二烷基二甲基苄基氯化铵等组成，通过体系合成与复配，提高了综合防腐性能，年腐蚀速率小于 0.076 mm，杀菌率达到 100%。配套安装了自主设计的连续加药装置，实现了防腐药剂的矿场有效加注，保证矿场防腐效果。

>> 参考文献 >>

[1] 国家科技部中国 21 世纪议程管理中心 . 中国 CCUS 发展路线图 [C]. 北京：第五届 CCUS 国际论坛，2019.

［2］世纪议程管理中心，全球碳捕集与封存研究院，清华大学，中国二氧化碳捕集利用与封存
（CCUS）年度报告（2023）［R］．2023．

［3］黄晶．中国碳捕集利用与封存技术评估报告［M］．北京：科技出版社，2021．

［4］贵维扬，艾宁，陈健．温室气体 CO_2 的捕集和分离—分离技术面临的挑战与机遇［J］．化工进
展，2005，（1）：1-4．

［5］US Department of Energy. Accelerating Breakthrough Innovation in Carbon Capture，Uilization and
Storage［R］. Report of the Carbon Capture Utilization and Storage Expert'Workshop，2017．

［6］ADANEZ J，ABAD A，MENDIARA T，et al.Chemical looping combustion of solid fuels［J］.
Progress in Energy and combustion Science，2018，65：299-326．

［7］李阳．碳中和与碳捕集利用封存技术进展［M］．北京：中国石化出版社，2021．

［8］张引弟，胡多多，刘畅．等．石油石化行业 CO_2 捕集、利用和封存技术的研究进展［J］．油气
储运，2017，36（6）：636-645．

［9］HERZOG H.Lessons learned from CCS demonstration and large pilot projects［R］.Massachusetts：
MIT Energy Initiative，2016．

［10］CSLF.Carbon sequestration leadership forum technology roadmap 2013［R］. Washington：CSLF，2013．

［11］李琦，刘桂臻，李小春，等．多维度视角下 CO_2 捕集利用与封存技术的代际演变与预设［J］．四
川大学学报（工程科学版），2022（1）：54．

［12］陈兵，白世星．二氧化碳输送与封存方式利分析［J］．天然气化工（C1 化学与化工），2018，
43（2）：114-118．

［13］KING G. Here are key design considerations for CO_2 pipelines［J］. Oil Gas Journal，1982，80（39）：
219．

［14］郭秀丽．东方 1-1 气田 CO_2 储存与输送方案优化分析［D］．青岛：中国石油大学（华东），
2009．

［15］汪蝶． CO_2 液化、输送与储存技术研究［D］．武汉：长江大学，2017．

［16］郑建坡，史建公，刘志坚，等．二氧化碳管道输送技术研究进展［J］．中外能源，2018，23
（6）：87-94．

［17］蒋秀，屈定荣，刘小辉．超临界二氧化碳管道输送与安全［J］．油气储运，2013，32（8）：
809-813．

［18］陆诗建．碳捕集、利用与封存技术［M］．北京：中国石化出版社，2020．

［19］郭晓璐． CO_2 管道泄漏中介质压力响应、相态变化和扩散特性研究［D］．大连：大连理工大学，
2017．

［20］CAO Q，YAN X Q，LIU S R. et al. Temperature and phase evolution and density distribution in
cross section and sound evolution during the release of dense CO_2 from a large-scale pipeline［J］.
International Journal of Greenhouse Gas Control，2020，96：103011．

[21] 陈兵，肖红亮，曹双歌 . 适合陕北 CCUS 的含杂质的 CO_2 气源品质指标研究 [J]. 天然气化工，2017，42（3）：63-66.

[22] 米剑锋，马晓芳 . 中国 CCUS 技术发展趋势分析 [J]. 中国电机工程学报，2019，（9）：2537-2544.

[23] 汪蝶，张引弟，杨建平，等 . CO_2 输送、液化与储存方案流程的 HYSYS 模拟及优化 [J]. 输送与储存，2016，35（10）：1069-1070.

[24] 王双晶 . 二氧化碳增加和气候变化对海洋碳储量、酸化及氧储量的影响 [D] 杭州：浙江大学，2015.

[25] Koottungal L. 2014 worldwide EOR survey[J]. Oil & Gas Journal，2014，112（4）：79-91.

[26] Koottungal L. 2012 worldwide EOR survey[J]. Oil & Gas Journal，2012，110（4）：57-69.

[27] Koottungal L. 2010 worldwide EOR survey[J]. Oil & Gas Journal，2010，108（14）：41-53.

[28] Koottungal L. 2008 worldwide EOR survey[J]. Oil & Gas Journal，2008，106（15）：47-59.

[29] Koottungal L. 2006 worldwide EOR survey[J]. Oil & Gas Journal，2006，104（15）：45-57.

[30] Koottungal L. 2004 worldwide EOR survey[J]. Oil & Gas Journal，2004，102（14）：53-65.

[31] Kalteyer J. A case study of SACROC CO_2 flooding in marginal pay regions：improving asset performance[R].SPE 200460-MS，2020.

[32] 生态环境部环境规划院，中国科学院武汉岩土力学研究所，中国 21 世纪议程管理中心 . 中国二氧化碳捕集利用与封存（CCUS）年度报告（2021）：中国 CCUS 路径研究 [R]. 北京：生态环境部环境规划院，2021：6，14-15，19，34，44-49.

[33] 袁士义，马德胜，李军诗，等 . 二氧化碳捕集、驱油与埋存产业化进展及前景展望 [J]. 石油勘探与开发，2022，49（4）：828-834.

[34] 王双意，杨希刚，常金旺 . 国内外煤电机组服役年限现状研究 [J]. 热力发电，2020，49（9）：11-16.

[35] GOODMAN A, BROMHAL G, STRAZISAR B, et al. Comparison of methods for geologic storage of carbon dioxide in saline formations[J]. International Journal of Greenhouse Gas Control，2013，18：329-342.

[36] BRADSHAW J, BACHU S, BONIJOLY D, et al. CO_2 storage capacity estimation：issues and development of standards[J]. International Journal of Greenhouse Gas Control，2007，1（1）：62-68.

[37] HITOSHI, KOIDE, AND, et al. Self-trapping mechanisms of carbon dioxide in the aquifer disposal[J]. Energy Conversion and Management，1995，36（6-9）：505-508.

[38] GOODMAN A, HAKALA A, BROMHAL G, et al. U.S. DOE methodology for the development of geologic storage potential for carbon dioxide at the national and regional scale[J]. International Journal of Greenhouse Gas Control，2011，5（4）：952-965.

[39] BACHU S. Review of CO_2 storage efficiency in deep saline aquifers[J]. International Journal of

Greenhouse Gas Control, 2015, 40: 188-202.

[40] 李义曼, 庞忠和, 李捷, 等. 二氧化碳咸水层封存和利用[J]. 科技导报, 2012: 70-79.

[41] BACHU S, BONIJOLY D, BRADSHAW J, et al. CO₂ storage capacity estimation: Methodology and gaps[J]. International Journal of Greenhouse Gas Control, 2007, 1(4): 430-443.

[42] 师庆三. 碳中和约束下新疆塔里木、准噶尔、吐哈盆地 CO₂ 理论储存潜力评估[J]. 环境与可持续发展, 2021: 99-105.

[43] 刁玉杰, 朱国维, 金晓琳, 等. 四川盆地理论 CO₂ 地质利用与封存潜力评估[J]. 地质通报, 2017: 1088-1095.

[44] 李琦, 魏亚妮, 刘桂臻. 中国沉积盆地深部 CO₂ 地质封存联合咸水开采容量评估[J]. 南水北调与水利科技, 2013: 93-96.

[45] 刘廷, 马鑫, 刁玉杰, 等. 国内外 CO₂ 地质封存潜力评价方法研究现状[J]. 中国地质调查, 2021: 101-108.

[46] BACHU S, ADAMS J J. Sequestration of CO in geological media in response to climate change: capacity of deep saline aquifers to sequester CO in solution[J]. Energy Conversion & Management, 2003, 44(20): 3151-3175.

[47] 李小春, 刘延锋, 白冰, 等. 中国深部咸水含水层 CO₂ 储存优先区域选择[J]. 岩石力学与工程学报, 2006: 963-968.

[48] 于立松, 张卫东, 吴双亮, 等. 二氧化碳在深部盐水层中溶解封存规律的研究进展[J]. 新能源进展, 2015: 75-80.

[49] XU T, APPS J A, PRUESS K. Numerical simulation of CO₂ disposal by mineral trapping in deep aquifers[J]. Applied Geochemistry, 2004, 19(6): 917-936.

[50] MCGRAIL B P, SCHAEF H T, ANITA M H, et al. Potential for carbon dioxide sequestration in flood basalts[J]. Journal of Geophysical Research, 2006, 111: B12201.

[51] 张亮, 温荣华, 耿松鹤, 等. CO₂ 在玄武岩中矿物封存研究进展及关键问题[J]. 高校化学工程学报, 2022: 473-480.

[52] DING S, YI X, JIANG H, et al. CO₂ storage capacity estimation in oil reservoirs by solubility and mineral trapping[J]. Applied Geochemistry, 2018, 89: 121-128.

[53] 杨永智, 沈平平, 宋新民, 等. 盐水层温室气体地质埋存机理及潜力计算方法评价[J]. 吉林大学学报: 地球科学版, 2009: 744-748.

[54] 李琴, 李治平, 胡云鹏, 等. 深部盐水层 CO₂ 埋藏量计算方法研究与评价[J]. 特种油气藏, 2011: 6-10.

[55] ZHU Q L, WANG C, FAN Z H, et al. Optimal matching between CO₂ sources in Jiangsu province and sinks in Subei-Southern South Yellow Sea basin, China[J]. Greenhouse Gases-Science and Technology, 2019, 9(1): 95-105.

[56] KIM Y, JANG H, KIM J, et al. Prediction of storage efficiency on CO_2 sequestration in deep saline aquifers using artificial neural network[J]. Applied Energy, 2017, 185：916-928.

[57] 张延旭，姜晶，王涛，等 . 神经网络法在油藏埋存 CO_2 效果预测中的应用 [J]. 精细石油化工进展，2018：29-32.

[58] 张烈辉，曹成，文绍牧，等 . 碳达峰碳中和背景下发展 CO_2-EGR 的思考 [J]. 天然气工业，2023，13-22.

[59] 张琪，崔永君，步学朋，等 . CCS 监测技术发展现状分析 [J]. 神华科技，2011，9（2）：77-82.

[60] 魏宁，刘胜男，李小春，等 . CO_2 地质利用与封存的关键技术清单 [J]. 洁净煤技术，2022，28（6）：14-25.

[61] 黄晶，陈其针，仲平，等 . 中国碳捕集利用与封存技术评估报告 [M]. 北京：科学出版社，2021.

第四章　CCUS 政策体系

随着 CCUS 技术的不断发展，世界主要国家（包括我国）对 CCUS 相关的政策体系正在不断趋于完善（表 4-1 和表 4-2）。本章通过法律法规、财政奖励、税收政策、技术创新 4 个方面对国外 CCUS 相关的政策进行归纳总结，可为我国 CCUS 相关法律法规的制定和完善提供建议。

第一节　CCUS 政策体系现状

一、国外 CCUS 技术政策体系

1. 美国 CCUS 相关政策

在法律法规方面，美国于 2007 年颁布《美国气候变化技术计划》（Climate Change Technology Program，CCTP），将 CCS 技术作为应对气候变化的项目，规划将通过收集、减少以及储存的方式来控制温室气体的排放量。2008 年，美国为防止 CO_2 气体泄漏污染城市饮用水，于《地下封存 CO_2 法规管制议案》中设立了监控管理规定。同年制定的《CO_2 捕集、运输和封存指南》（Guidelines for Carbon Capture，Transport，and Storage）专门制定了一章相关规定，规范了碳捕集与封存，以促进 CO_2 捕获和储存项目的开发和营销，其中规定 CCS 规范必须符合《清洁空气法》（Clean Air Act，CAA）和《清洁水法》（Clean Water Act，CWA）的有关规定，对每个建设项目均应当开展环境风险评价。2009 年通过的《碳捕集与封存技术及早部署法案》要求，各领域可以通过共同投票决定建立 CCS 技术组织。2010 年，在《美国安全碳储存技术行动条例》中规定了 CCS 项目的具体实施方法，并同时规定了对所有 CO_2 储存装置实行监控并报警。2010 年 12 月，美国颁布了《二氧化碳地质封存井的地下灌注控制计划

的联邦要求：最终条例》（Federal Requirements Under the Underground Injection Control Program for Carbon Dioxide Geologic Sequestration Wells Final Rule），并于 2011 年正式生效，它将以提高油气采收率为目的的 CO_2 注入井列为 Ⅱ 类井监管，针对长期 CO_2 地质封存项目列为 Ⅵ 类井管理，并对 Ⅵ 类井制定了一系列最低标准。由于 Ⅵ 类井只针对保护地下饮用水源进行监测，2010 年同一时间，美国颁布了《温室气体法定报告：二氧化碳的注入和地质封存》，对 CO_2 地质封存设施提出了对温室气体的监测要求。2011 年，《CO_2 封存法案纳入法律条款的提议案》（HB259）要求监管封存场所指定时间后，政府保留有封存气体的产权与责任[1-3]。2014 年，美国环保局（EPA）对《清洁空气法》提出了一项拟议规则，对新建燃煤和天然气发电厂的 CO_2 排放量进行了限制，并要求通过 CCS 技术使排放的 CO_2 控制在每年 0.499t（CO_2）/MW·h 以下[4]。

在财政奖励政策方面，2009 年颁布的《美国清洁能源和安全法案（ACES）》（The America Clean Energy and Security Act of 2009）要求美国环保局建立一个协调机制，以审查和批准地质封存，并将分配给各个公司减少温室气体排放补贴中的 26% 用于资助 CCS 等公共项目[1, 5]。2021 年的《封存二氧化碳和降低排放量法案》（SCALE Act）提出了若干措施，包括制定的 CO_2 基础设施融资与创新法（CIFIA）项目、安全地质封存设施的开发计划以及对美国环保局在盐碱地质层上的 Ⅵ 级许可证项目提供更多资助[6]。同年，美国颁布了《基础设施投资和就业法案》（Infrastructure Investment and Jobs Act，IIJA），承诺未来 5 年为 CCUS 提供超过 120 亿美元资金支持，为包括 CCUS 研究、开发和示范，CO_2 运输和储存基础设施，碳利用市场开发和直接空气捕获（DAC）技术提供资金[7]。

在税收政策方面，美国国会于 2008 年通过《45Q 税收法案》（Internal Revenue Code，Section 45Q），用于补贴利用 CCUS 技术开展 CO_2 捕集的企业。该法案规定：将捕集的 CO_2 用于驱油，捕集企业可获得每吨 10 美元免税补贴；将捕集的 CO_2 进行地质封存，捕集企业可获得每吨 20 美元免税补贴。同时，设定"先到先得"原则，限定补贴总量为 $7500×10^4t$ CO_2。据统计，《45Q 税收法案》

实施期间（2008—2017 年），美国通过该免税补贴减排 CO_2 共计 $5280×10^4$t。为加速 CCUS 发展，美国政府于 2017 年初发起 45Q 修正法案，以期带动美国日益消退的煤炭产业。2018 年 2 月，美国国会通过了《两党预算法案》（Bipartisan Budget Act），该法案扩大并增加了《国内税收法》（Internal Revenue Code）第 45Q 条规定的 CO_2 地质封存税收抵免。新法案全面提高 CCUS 技术的免税补贴：（1）加大补贴力度，企业将捕集的 CO_2 进行咸水层封存，免税补贴为 50 美元 /t（CO_2）；将捕集的 CO_2 用于利用（如驱油），免税补贴为 35 美元 /t（CO_2）。（2）扩大补贴范围，凡是 2024 年 1 月 1 日前开始建设 CO_2 捕集装置的企业都可申请免税补贴，补贴期延续 12 年。（3）取消补贴总量限制，取消累计 $7500×10^4$t（CO_2）的限制，补贴总量上不封顶。（4）降低补贴准入门槛，符合补贴申请要求的 CCUS 项目规模由 $50×10^4$t/a 降低到 $10×10^4$t/a，但 $10×10^4$t/a 规模的项目必须是从空气中直接捕集 CO_2。（5）关注石油驱替以外的利用技术，并支持使用将 CO_2 生产塑料、生物燃料或其他商业材料的技术 [2, 8-9]。2021 年，拜登政府又相继制定了《45Q 使用许可证法案》（Access 45Q Act）、《碳捕集现代化法案》（Carbon Capture Modernization Act）、《碳捕集、利用和储存税收抵免修正法案》（Carbon Capture, Utilization, and Storage Tax Credit Amendments Act of 2021）和《未来能源融资法案》（Financing Our Energy Future Act），以促进 CCS 市场发展 [9]。2022 年，拜登政府签署了《通胀削减法案》（Inflation Reduction Act, IRA），进一步加大了《45Q 税收法案》的补贴力度，地质封存补贴为 85 美元 /t（CO_2），驱油补贴为 60 美元 /t（CO_2）；直接空气捕集（DAC）的补贴力度加大，DAC 地质封存补贴为 180 美元 /t（CO_2），DAC 驱油补贴为 130 美元 /t（CO_2）[10]。

在技术创新政策方面，2009 年颁布的《美国复苏与再投资法案》（American Recovery and Reinvestment Act of 2009, ARRA）中拨款的其中 34 亿美元均与 CCUS 息息相关，39 亿美元中的其中 18 亿美元用于支持 CCS 项目，如 "未来发电 2.0 计划"。美国政府在 2020 年 12 月颁布的《2020 年能源法案》（Energy Act of 2020）显著增加了 CCUS 的研发支持，提出在 2021—2025 年提供 60 多亿美元用于 CCUS 的研究、开发和示范项目[9]。2021 年 11 月 5 日，美国能源部宣布启动"负碳攻关计划"（Carbon Negative Earthshots），旨在封存 10 亿吨级的 CO_2，将 CO_2 的捕集和封存成本降低到 100 美元 /t（CO_2），对 CO_2 封存的监测、报告与验证至少 100 年[11]。

2. 欧盟 CCUS 相关政策

在法律法规方面，欧洲是 CCUS 制度化和规范化的积极倡导者。2006 年，欧盟发布了《欧洲可持续、竞争和安全能源战略》绿皮书，把 CCS 确立为应付国际能源安全与气候变迁问题的三项重大战略优先项目之一，并在更多的地方形成了法规与管理架构等。2009 年，在欧洲国家颁布了国际上首个针对 CCS 的完整立法，称为《CCS 指令》（Directive/2009/31），这个指令对 CCS 链上的所有 CO_2 地质封存项目都提出了立法框架，采用合理的项目设置来规范整个欧洲国家的 CCS 项目，并实现了 CO_2 永久的安全封存，并为 CCS 项目形成了一种有效监管体系。《CCS 指令》对 CCS 项目的可用存储容量和技术经济可行性进行评估，促进了研究项目、示范项目和针对 CCS 部署的跨界合作项目的发展。并且《CCS 指令》还对现有的法律文书进行了修订，如《水资源保护框架指令》（Directive 2000/60/EC）等，以对 CCS 技术中的捕获与运输方面进行规范。欧盟委员会还于 2011 年编制了 4 份指导文件，分别从风险管理，CO_2 的组分、埋存和监测等，责任转移标准以及金融安全和金融机制方面来支持《CCS 指令》的实施。虽然《CCS 指令》为 CCS 项目建立了一个框架，但并没有解决 CO_2 跨界运输问题[3, 9, 12-13]。因此，2013 年，关于跨欧洲能源基础设施的指导方针《跨欧洲能源网络》（Trans-European Networks for Energy，TEN-E）应运而生。该条例提供了促进战略能源基础设施互联互通和发展的机制，为欧洲的基础设施现代化设定了框架。考虑到 CO_2 捕集和封存的跨境部署，CCS 作为 TEN-E 条例优先发展的主题领域，需要在成员国之间以及与邻国第三国之间发展 CO_2 运输基础设施，从而形成交通运输网络[14]。2021 年 5 月，欧盟通过《欧洲气候法》（European Climate Law）草案，颁布了 CCUS 发展路线图和战略规划，并提出建设覆盖 45% 欧盟排放量的碳市场，贡献全球约 80% 的交易额[15]。

关于财政奖励政策，自 2005 年 1 月起，欧盟实施欧洲碳排放权交易体系（EU-ETS），旨在以经济高效的方式促进温室气体减排。在调整 EU-ETS 的过程中，欧洲委员会设立了欧洲最大的 CCS 基金——创新基金（The Innovation Fund）。该基金为整个欧盟 CCS 项目的规划、建设和运行提供了主要资金来源。根据碳价差异，创新基金将在 10 年内为 CCUS 以及可再生能源、能源密集型产业和储能等领域的突破性技术提供超过 250 亿欧元的资金支持。欧盟于 2009 年 8 月推出了首个为 CCUS 项目提供财政资助的专门政策机制——欧洲经济复苏计划（European Economic Recovery Plan，EERP），EERP 的主要目标是经济复苏、能源安全和温室气体减排，已为 CCUS 项目拨款 10 多亿美元，旨在降低 CCUS 技术的运营成本，加快监管和许可 CCUS 项目计划的制定和实施[16-17]。2009 年，欧盟由 EU-ETS 修正案成立了"新进入者储备基金"（NER 300）低碳和可再生示范项目投资计划，于 2010 年正式生效，将在欧盟排放交易体系中发售的碳排放配额的销售收入用于对包括 CCS 在内的新能源技术项目进行投资[18]。

在税收政策方面，2021 年 7 月，欧盟提出了"Fit for 55"（承诺在 2030 年底温室气体排放量较 1990 年至少减少 55%）的立法提案，概述了与 CCUS 改革有关的一揽子规划，重点是对 EU-ETS 政策的改革。这些政策都可能会提高政府关于碳减排项目的补贴水平，以达到欧洲 2030 年的碳减排目标；另外，提案还将增设一项更有效的碳边界调整机制，把碳税施加于进口的核心商品，包括钢材和混凝土等产品上，以防止"碳逃逸"[12]。

2023 年 5 月，"欧盟碳边境调节机制"（Carbon Border Adjustment Mechanism，CBAM）正式生效；作为"Fit for 55"的一项重要提案，CBAM 以通过对碳排放量不符合欧盟标准的进口商品征收关税的方式，来保护欧盟企业的竞争力[19-20]。

在技术创新政策方面，2007 年颁布的"欧盟战略能源技术计划"（European Strategic Energy Technology Plan，SET）提倡采用专用政策以确保可持续、安全、有竞争力的能源供给，加快具有成本效应的低碳技术的开发和应用[20]。同年，"欧盟第七框架计划"（7th Framework Programme，FP7）提议资助与 CCS 相关的研究项目，以便欧洲化石燃料发电厂在 2020 年前实现二氧化碳零排放[21]。2008 年，欧盟的"气候行动与可再生能源一揽子政策"同意了在政策框架内进行 CCS 示范项目，并资助相关问题研究[12]。2021 年，"欧洲地平线计划"（Horizon Europe）提议在 2021 年提供 3200 万欧元、2022 年提供 5800 万欧元用于资助 CCUS 技术研发。它将支持与 CCUS 相关的研究、试点和小规模示范项目，旨在实现可持续发展目标以及解决气候变化问题[22]。

另外，欧盟的成员国中也有部分 CCUS 相关政策。例如，1991 年，挪威对离岸采油作业征收 CO_2 税，在该税收政策刺激下，挪威国家石油公司在 Sleipner 油田的深部地层中封存 CO_2，成功打造世界首个利用深部咸水层作为 CO_2 地质封存场地的 CCS 商业案例[12]。2012 年，德国颁布的《关于 CO_2 捕集、运输和永久封存技术的示范与应用法》（The Act on the Demonstration and Use of the Technology for the Capture，Transport，and Permanent Storage of CO_2，KSpG）通过规范 CCS 项目的勘探、测试和示范环节，以确保在地下岩层中永久储存 CO_2。KSpG 规定，德国每个示范项目的 CO_2 封存量每年不得超过 130×10^4t，所有示范项目的 CO_2 储存总量每年不得超过 400×10^4t，只有在 2016 年 12 月 31 日之前申请的项目才能获得批准[13]。2020 年末，荷兰启动了第一轮"可持续能源转型补贴计划"（Sustainable Energy Transition Subsidy Scheme，SDE++），将为各种减少碳排放的技术提供 50 亿欧元资助[23]。

3. 英国 CCUS 相关政策

在法律法规方面，2007 年，英国在《能源白皮书——应对能源挑战》（Energy White Paper：Meeting the Energy Challenge）中提出在本国的发电厂的整个发电过程中实施 CCS 示范，以协助在英国和国际层面部署 CCS。英国于 2008 年正式颁布了《气候变化法》（Climate Change Act 2008），成为世界上第一个以法律形式确定中长期减排目标的国家，该法案提议出台政策，要求常规燃煤电厂采用 CCS，以便电力行业在 2030 年前实现脱碳目标[1]。同年颁布的《能源法（2008）》（Energy Act 2008）为签发近海 CO_2 封存许可提供了法律依据，首次为 CCS 的下一步发展奠定了法律基础[24]。2010 年 7 月 1 日，根据该法制定的《2010 近海环境保护命令》开始生效，为使这部法律能够适用于 CO_2 永久封存以及进口和封存可燃气体，修改了许多关于近海环境保护的规定。《能源法（2011）》（Energy Act 2011）解决了因安装 CO_2 运输管道而强行征地的问题，以及为实施 CCS 示范项目而拆除近海基础设施的问题[25]。《能源法（2013）》（Energy Act 2013）提出了电力市场改革的主要内容，建立了排放性能标准，该标准执行了英国的政策，即除非配备 CCS 技术，否则不应同意新建燃煤发电厂，该法还为开发 CCS 项目的运营商提供了为期三年的排放限制税豁免[26]。

在资金激励政策方面，《能源法（2010）》（Energy Act 2010）针对英国的 4 个 CCS 示范项目制定了经济激励机制。起初这些项目由燃气与电力市场监管机构（OFGEM）负责监管，依靠电厂提供资金支持[27]。但是在 2011 年 3 月的财政预算中，英国政府宣布日后将从一般税收中提取资金支持发展 CCS，而不只是把电厂的税收作为 CCS 示范项目的资金来源。为了解决能源匮乏问题，该法对能源的社会价格实行强制性规定，并确立 OFGEM 在 CO_2 减排、加强能源安全、保护消费者和市场竞争方面的权力[13]。2017 年，英国政府在颁布的《清洁增长战略》（Clean Growth Strategy）中承诺在 CCUS 和工业创新方面投资 1 亿英镑，以降低成本[28]。2020 年 11 月，英国政府颁布了《绿色工业革命 10 点计划》（10-Point Plan for a Green Industrial Revolution），计划到 2030 年实现每年清除 $1000 \times 10^4 t$ CO_2，并投入 10 亿英镑在 4 个工业集群开展 CCUS 项目[29]。

在税收政策方面，英国电力市场改革规定了基本碳价格。2013 年 4 月 1 日，基本碳价格被设定为 2011 年财政法案的一部分，初始基本碳价格设定为约 15.70 英镑 /t（CO_2）（2009 年的实际价格）。基本碳价格的目标是为英国电力行业提供长期固定的碳价格，并为低碳发电提供明确的价格信号。排放性能标准最初将设定为 450g（CO_2）/（$kW \cdot h$），这将要求所有新的燃煤发电站采用 CCUS 技术。

在技术创新政策方面，2017 年 10 月英国政府发布清洁增长战略，旨在

2030 年前后大规模部署 CCUS，并降低技术成本。随后英国能源和清洁增长国务部长克莱尔·佩里组织成立了 CCUS 成本挑战工作组，该工作组于 2018 年 7 月发布了《实现清洁增长》的报告。工作组报告强调，CCUS 对包括钢铁、水泥、化肥、石化产品和柔性天然气等主要工业领域的脱碳至关重要，并明确了长期稳定支持政策的必要性。CCUS 为英国转向新能源经济奠定了基础，其中工业脱碳是实现能源经济转型发展的关键[28]。

4. 加拿大 CCUS 技术激励政策

在法律法规方面，加拿大于 2010 年通过了《碳捕集与封存法规修正案》（Carbon Capture and Storage Statutes Amendment Act），该修正案的立法目的如下：第一，确立 CCS 的合法地位以及监管要求，鼓励大量投资；第二，保证 CO_2 能够被永久封存，谨慎选择地质结构和封存地点；第三，减少民众对一些潜在问题（比如 CO_2 注入作业可能对地下水等资源造成影响）的担忧，从而提高了民众对 CCS 工作安全性的信任。2011 年的《碳固权条例》（Carbon Sequestration Tenure Regulation）确立了如何为实施 CO_2 地质封存取得孔隙空间使用权的程序[2-3]。2020 年 12 月，加拿大政府颁布了《健康的环境和健康的经济》（A Healthy Environment and a Healthy Economy），这份政策文件建议为加拿大制定一个全面的 CCUS 战略，并向大规模工业排放企业发起净零挑战，以推动 2050 年实现净零排放的计划[30]。2022 年，加拿大通过了《2030 年减排计划》（2030 Emissions Reduction Plan），旨在为加拿大如何实现《巴黎协定》（Paris Agreement）中国家自主贡献（NDC）目标提供了路线图，即到 2030 年，将加拿大的温室气体排放量降至 2005 年水平的 40%~45%，进而到 2050 年实现净零排放的目标，该计划总结了加拿大为实现此目标已采取的各项行动，并承诺了一系列未来会采取的行动，包括对投资于 CCUS 项目的资金进行投资税收减免，以鼓励 CCUS 技术的开发和部署[31]。

在资金激励政策方面，2020 年 12 月，加拿大宣布了"战略创新基金——净零排放加速器"，承诺将在未来 5 年内提供 30 亿加元，用以资助包括大型排放企业脱碳项目在内的各项举措[32]。加拿大的 2021 年联邦预算中承诺要在 7 年内投入 3.19 亿加元用于研究、开发和示范，以提高 CCUS 技术的商业可行性[33]。

在税收政策方面，根据加拿大"泛加拿大清洁增长和气候行动框架"（Pan-Canadian Framework on Clean Growth and Climate Change），每个省和地区必须向联邦政府提供其碳定价年度计划描述。其中《温室气体污染定价法》（Greenhouse Gas Pollution Pricing Act，GGPPA）要求对运输和取暖燃料燃烧产生的碳排放征税，从 2019 年 20 加元 /t 开始，每年增加 10 加元 /t，直到 2022 年达到 50 加元 /t[23]。加拿大在 2022 年联邦预算中通过投资税收减免大力支持 CCUS，从 2022 年至 2030 年，直接空气捕集项目获得 60% 的税收减免，其他碳捕集项目为 50%，运输、封存和利用为 37.5%；此后，从 2031 年到 2040 年，税率减免分别降至 30%、25% 和 18.75%[34]。

5. 其他国家 CCUS 相关政策

澳大利亚于 2005 年发布了《CO$_2$ 捕集与封存指南》（Carbon Dioxide Capture and Geological Storage：Australian Regulatory Guiding Principles），旨在于在澳大利亚管辖范围内建立统一的 CCS 框架，其中强调了 6 个 CCS 法律法规设计的关键考虑因素：评估和批准流程、访问权和财产权、运输问题、监管和验收、责任划分以及财务问题。2008 年的《温室气体地质储存法》（Greenhouse Gas Geological Sequestration Act）规定了陆上 CCS 的行政许可、风险控制、责任和补偿等问题。2008 年，澳大利亚通过了《近海洋石油和温室气体封存（OPGGS）修正案》（Offshore Petroleum and Greenhouse Gas Storage Amendment Act），以澄清通行权和财产使用权、审查机制、CO$_2$ 运输、财务考虑、选址步骤、风险识别和监测等问题。在 2008 年，澳大利亚颁发了"暴露型法案"，允许在近海地区注入和封存 CO$_2$。澳大利亚还专门出台了《CO$_2$ 捕集与封存指南 2009》，对 CCS 环境影响评价提出了相对具体可行的评价范围、措施等[3, 35-36]。2020 年，澳大利亚政府发布了《技术投资路线图：首份低排放技术声明》（Technology Investment Roadmap：First Low Emissions Technology Statement in 2020），提出了要将 CCS 技术中 CO_2 的压缩、运输和储存成本控制在 20 澳元 /t（CO_2），并将斥资 2.637 亿澳元支持 CCS/CCUS 项目和枢纽[37]。2021 年末，澳大利亚将 CCS 项目纳入减排基金，允许 CCS 项目产生澳大利亚碳信用单位[7]。

日本是较早将 CCUS 作为协调经济增长和缓解气候变化的手段的国家。即使日本只有 5 个已完成或正在运行的 CCUS 示范项目，但日本给予了 CCUS 强烈的政策支持。2007 年日本颁布《海洋污染防治法》（Marine Pollution Act），将 CO_2 注入地下咸水含水层合法化，并对 CCUS 活动设定了极高的标准。其标准主要体现在 4 个方面：高浓度 CO_2 捕集过程（胺基化学吸收）、环境影响评价、部署许可执照以及长期监控责任。2014 年 4 月，考虑到国内外能源环境的急剧变化，日本内阁根据《能源政策基本法》（Basic Act of Energy Policy）颁布了《能源基本计划》（The 4th Strategic Energy Plan）。该计划要求在 2020 年左右实现 CCUS 技术的实际应用，并尽早建设 CCUS 就绪的设施，以支持 CCUS 的商业化[9, 35]。2021 年底，日本内阁批准了一项新的战略能源计划，规划了到 2030 年将温室气体减排至 2013 年水平的 46% 与到 2050 年实现碳中和的路径。该国经济产业省起草了一份长期 CCS 路线图，目标是到 2050 年从日本近海储存 $12×10^8$~$24×10^8$t CO_2[7]。

表 4-1 为国外 CCUS 相关政策文件。

表 4-1　国外 CCUS 相关政策文件

国家 / 地区	相关法律法规政策	时间	相关内容
国际	《联合国气候变化框架公约》	1992 年	规定缔约方应当对所有有关的温室气体源、汇和库采取适当措施来实现综合治理
国际	《京都议定书》	1998 年	规定缔约方应研究、促进、开发和增加使用可再生能源、CO_2 捕集技术和有益于环境的先进技术
国际	《马拉喀什协定》	2001 年	鼓励缔约方合作开发、推广和转让排放温室气体较少的先进化石燃料技术和（或）化石燃料相关的捕集和储存温室气体的技术
国际	《伦敦议定书》（修订案）	2009 年	允许对用于 CCUS 的 CO_2 进行跨境运输，为 CO_2 跨境运输网络的形成奠定了基础

国家/地区	相关法律法规政策	时间	相关内容
美国	《美国气候变化技术计划》（CCTP）	2007 年	规划将通过收集、减少以及储存的方式来控制温室气体的排放量
美国	《地下封存 CO_2 法规管制议案》	2008 年	设立监控管理规定，以防止 CO_2 泄漏污染饮用水
美国	《CO_2 捕集、运输和封存指南》	2008 年	规定 CCS 规范需满足《清洁空气法》和《清洁水法》要求
美国	《45Q 税收法案》	2008 年	补贴利用 CUUS 技术开展 CO_2 捕集的企业，具体为驱油补贴 10 美元/t（CO_2）、封存补贴 20 美元/t（CO_2）
美国	《美国清洁能源与安全法案》	2009 年	要求 EPA 建立协调机制来验证与许可地质封存，将分派给各公司温室气体减排补助的 26% 专门用于资助 CCS 等公共项目
美国	《碳捕集与封存技术及早部署法案》	2009 年	规定相关行业可以集体投票决定成立 CCS 研究机构
美国	《美国复苏与再投资法案》	2009 年	拨款中 34 亿美元与 CCUS 相关，其中 18 亿美元用于支持包括"未来发电 2.0 计划"在内的 CCS 项目
美国	《美国安全碳储存技术行动条例》	2010 年	规范了 CCS 项目的具体实施措施，要求对 CO_2 封存设施情况进行监控并汇报有关数据
美国	《温室气体法定报告：二氧化碳的注入和地质封存》	2010 年	对 CO_2 地质封存设施提出了对温室气体的监测要求
美国	《二氧化碳地质封存井的地下灌注控制计划的联邦要求：最终条例》	2011 年	对长期 CO_2 地质封存项目列为Ⅵ类井管理，并对Ⅵ类井制定了一系列最低标准
美国	《CO_2 封存法案纳入法律条款的提议案》（HB259）	2011 年	规定在封存点经过一段时间的监控后，封存气体的拥有权以及责任将转交给政府
美国	《45Q 修正法案》	2017 年	加大补贴力度，封存补贴为 50 美元/t（CO_2），驱油补贴为 35 美元/t（CO_2）；扩大补贴范围；取消补贴总量限制；降低补贴准入门槛；关注驱油之外的利用技术
美国	《2020 年能源法案》	2020 年	将 CCUS 的研发支持力度大幅提高，提出将在 2021—2025 年提供超 60 亿美元的研发资金支持
美国	负碳攻关计划	2021 年	旨在从空气中去除 $10×10^8$ t（CO_2），并将捕集和封存 CO_2 的成本降至 100 美元/t 以下
美国	《封存二氧化碳和降低排放量（SCALE）法案》	2021 年	提出建立 CO_2 基础设施融资和创新法案（CIFIA）计划、安全的地质封存基础设施开发计划以及为环境保护署（EPA）在盐碱地质层中的第六类许可证（进行地下 CO_2 储存所需的许可证）提供更多资金等措施
美国	《基础设施投资和就业法案》（IIJA）	2021 年	承诺未来 5 年为 CCUS 提供超过 120 亿美元资金支持

续表

国家/地区	相关法律法规政策	时间	相关内容
美国	《通胀削减法案》（IRA）	2022年	进一步加大了《45Q税收法案》的补贴力度，封存补贴为85美元/t（CO_2），驱油补贴为60美元/t（CO_2）；直接空气捕集（DAC）的补贴力度加大，DAC地质封存补贴为180美元/t（CO_2），DAC驱油补贴为130美元/t（CO_2）
欧盟	《环境影响评估（EIA）指令》（Directive 85/337/EEC）	1985年	公私项目对环境影响的评估应适用于CO_2的捕集与运输
欧盟	欧盟碳排放交易机制（EU-ETS）	2005年	解释了CCS在该机制中的角色，并对通过吸引新进入者来资助CCS活动进行了说明
欧盟	《欧洲可持续、竞争和安全能源策略》绿皮书	2006年	确定CCS为应对气候变化优选项目
欧盟	欧盟第七框架计划（FP7）	2007年	资助CCS相关的研究项目，使欧洲化石燃料电厂在2020年之前达到CO_2零排放
欧盟	欧盟战略能源技术计划（SET）	2007年	提倡采用专用政策以确保可持续、安全、有竞争力的能源供给，加快具有成本效应的低碳技术的开发和应用
欧盟	《综合污染预防与控制（IPCC）指令》（Directive 2008/1/EC）	2008年	对CO_2捕集对环境和人类健康的风险进行了规定
欧盟	气候行动与可再生能源一揽子政策	2008年	同意在政策框架内进行CCS示范项目，并资助相关问题研究
欧盟	《CCS指令》（Directive 2009/31/EC）	2009年	为CCS提供了一个立法框架，为CO_2地质封存建立了一个监管制度，为CCS尽早商业化提供法律法规支持
欧盟	欧洲经济复苏计划（EERP）	2009年	为CCUS项目拨款10多亿美元，旨在降低CCUS技术的运营成本，加快监管和许可CCUS项目计划的制定和实施
欧盟	新进入者储备基金（NER 300）	2010年	将在欧盟排放交易体系中发售的碳排放配额的销售收入用于对包括CCS在内的新能源技术进行投资
欧盟	《跨欧洲能源网络》（TEN-E）	2013年	要求成员国之间以及与邻国第三国之间发展CO_2运输基础设施，从而形成交通运输网络
欧盟	欧洲地平线计划（Horizon Europe）	2021年	在2021年和2022年分别提供3200万欧元和5800万欧元资金用于资助CCUS技术研发
欧盟	"Fit for 55"立法提案	2021年	增加相关碳减排的补贴，添加一个新的碳边界调整机制，将碳税施加到进口的目标产品，以避免"碳逃逸"
欧盟	"欧盟碳边境调节机制"（CBAM）	2023年	以通过对碳排放量不符合欧盟标准的进口商品征收关税的方式，来保护欧盟企业的竞争力
德国	《关于CO_2捕集、运输和永久封存技术的示范与应用法》（KSpG）	2012年	对CCS项目勘探、试验和示范环节进行规范，保证CO_2能够永久封存于地下岩层

续表

国家/地区	相关法律法规政策	时间	相关内容
荷兰	可持续能源转型补贴计划（SDE++）	2020年	为各种减少碳排放的技术提供50亿欧元资助
英国	《能源白皮书——迎接能源挑战》	2007年	提出在英国电厂实施全过程的CCS示范，以帮助CCS在国家和国际层面得到部署
英国	《气候变化法》	2008年	出台政策要求常规燃煤电厂采用CCS，使电力行业到2030年实现脱碳目标
英国	《能源法（2008）》	2008年	首次为CCS的下一步发展奠定了法律基础
英国	《能源法（2010）》	2010年	规定了关于示范、同意以及使用CCS技术的条款，并引入新的CCS激励规定
英国	《能源法（2011）》	2011年	解决了因安装CO_2运输管道而强行征地的问题，以及为实施CCS示范项目而拆除近海基础设施的问题
英国	《能源法（2013）》	2013年	提出了电力市场改革的主要内容
英国	《清洁增长战略》	2017年	在CCUS和工业创新方面投资1亿英镑，以降低成本
英国	《绿色工业革命10点计划》	2020年	计划到2030年实现每年清除1000×10^4t（CO_2），并投入10亿英镑在4个工业集群开展CCUS项目
加拿大	《碳捕集与封存法规修正案》	2010年	确立CCS的合法地位以及管理标准，鼓励大量投资；保证CO_2能够被永久封存，谨慎选择地质结构和封存地点
加拿大	《碳固权条例》	2011年	确立了如何实施CO_2地质封存取得孔隙空间使用权的程序
加拿大	《温室气体污染定价法》（GGPPA）	2018年	对运输和取暖燃料燃烧产生的碳排放征税，从2019年每吨20加元开始，每年增加10加元，直到2022年达到50加元
加拿大	《健康的环境和健康的经济》	2020年	建议为加拿大制定一个全面的CCUS战略，并向大规模工业排放企业发起净零挑战，以推动2050年实现净零排放的计划
加拿大	战略创新基金——净零排放加速器	2020年	承诺将在未来5年内提供30亿加元，用以资助包括大型排放企业脱碳项目在内的各项举措
加拿大	2021年联邦预算	2021年	在7年内投入3.19亿加元用于研究、开发和示范，以提高CCUS技术的商业可行性
加拿大	《2030年减排计划》	2022年	将对投资于CCUS项目的资金进行投资税收减免，以鼓励CCUS技术的开发和部署；并且还将继续努力加强公共和私营部门之间的协调，以消除监管障碍，促进CCUS的部署
加拿大	2022年联邦预算	2022年	通过投资税收减免大力支持CCUS
澳大利亚	《CO_2捕集与封存的环境指南》	2005年	在澳大利亚管辖区内建立统一的CCS框架

续表

国家/地区	相关法律法规政策	时间	相关内容
澳大利亚	《温室气体地质封存法》	2006年	对陆上CCS行政许可、风险控制以及责任和补偿等问题进行了规定
澳大利亚	暴露型法案	2008年	允许在近海地区注入和封存CO_2
澳大利亚	《技术投资路线图：首份低排放技术声明》	2020年	将CO_2的压缩、运输和储存成本控制在20澳元/t（CO_2），并斥资2.637亿澳元支持CCS/CCUS项目和枢纽
日本	《海洋污染防治法》	2007年	将CO_2注入地下咸水层合法化，并对以下CCUS活动设定了极高的标准：CO_2捕集过程和CO_2浓度、环境影响评价、部署许可执照以及长期监控责任
日本	《能源基本计划》	2014年	要求在2020年左右实现CCUS技术的实际应用，并尽早建设CCUS就绪的设施，以支持CCUS的商业化

二、中国 CCUS 技术政策体系

中国政府高度重视应对气候变化工作，颁布了多项CCUS相关政策和计划，有序推进CCUS技术研发和应用示范。2006年2月，国务院公布了《国家中长期科学技术发展规划纲要（2006—2010年）》，"开发高效、清洁和接近零碳排放的化石能源开发和利用技术"，以先进能源技术为方向，CCUS被列为领先技术之一。2007年6月，国家科学技术部、国家发展和改革委员会、外交部、教育部等14个部委联合发布了"中国科技应对气候变化特别行动"，其中CCUS是中央支持的重点领域，集中研究和示范。2016年，环境保护部发布了《二氧化碳捕集、利用与储存环境风险评估技术指南（试行）》，为CCUS技术的开发制定技术规则，以评估与CCUS相关的风险。2014年以来，国务院、国家发展和改革委员会、科学技术部、生态环境部等国家部委先后参与制定和发布了10余项相关国家政策和发展规划，如《国家应对气候变化规划（2014—2020年）》《科技创新第十三个五年计划》《控制温室气体排放第十三个五年计划》和《中国二氧化碳捕集、利用与储存发展计划（2019年）》。这些发展计划不仅涉及国家战略层面，而且朝着具体化、可操作性、可执行性、可论证性和合格性的方向发展，指明了CCUS技术的研发、示范、应用和推广方向。在国家政策的指导下，地方政府还根据社会经济发展和能源开发和使用情况，发布了相关的CCUS政策和发展计划，包括采矿、热能、煤炭化学、水泥、石油、食品、钢铁、化工和其他行业，促进低碳技术研究，支持示范项目的开发。2018 年，住房和城乡建设部发布了烟气 CO_2 捕集和净化项目建设标准，其中包含 CCUS 项目建设的相关标准。科学技术部发布的中国 CO_2 捕集、回收和储存发展路线图（2019 年）评估了中国现有的 CCUS 技术，规划了发展路径，并对 CCUS 的发展提出了政策建议[9, 38-39]。

"十一五" 期间，CCUS 技术发展已在国家层面受到关注。自 2006 年以来，国务院发布了一系列与 CO_2 排放控制、处置和回收技术相关的政策文件。各部委落实了相关关键任务，并提出制定 CCUS 技术发展计划[17, 37, 40]。

从 "十二五" 规划开始，对 CCUS 支持力度不断加大，相关政策逐渐细化，技术发展目标更加明确。2011 年和 2013 年，科学技术部发布《中国碳捕集利用与封存技术发展路线图》与《"十二五" 国家碳捕集利用与封存科技发展专项规划》，系统评估了中国 CCUS 技术的发展现状，明确了未来 20 年的发展目标，部署了重点任务。此外，国家发展和改革委员会、国家能源局等部门发布多项政策规划，以促进 CCUS 技术在各个行业和技术环节的研发和示范，并鼓励将 CCUS 技术纳入中国战略性新兴技术目录和重点支持范畴[17, 37, 40]。

"十三五" 规划以来，CCUS 发展的政策环境进一步改善，在重视和支持关键技术发展突破的基础上，出台了一系列技术规范、激励措施和其他支持措施。国务院发布的《"十三五" 国家科技创新规划》和《"十三五" 控制温室气体排放工作方案》，将 CCUS 等核心关键技术研发和规模化产业示范作为重要的科技攻关任务，并提出要研究制定和完善 CCUS 相关法规和标准。国家发展和改革委员会、国家能源局对 CCUS 各环节关键技术的发展战略以及在各行业的应用做出了明确规划，部署开展大规模（百万吨级）CCUS 示范项目的可行性研究。2016 年，环境保护部发布《二氧化碳捕集、利用与封存环境风险评估技术指南（试行）》，其中提出了避免环境风险的措施和应急措施[17, 37, 40]。

我国碳中和目标提出以来，相关政策的出台明确了 CCUS 技术面向碳中和目标的战略定位，支持力度进一步加强，法律法规、投融资政策等软环境得到改善。《中华人民共和国国民经济和社会发展第十四个五年规划和 2035 年远景目标纲要》明确提出开展 CCUS 重大项目示范，这是 CCUS 技术首次被纳入国家五年规划重要文件。中共中央、国务院印发《关于完整准确全面贯彻新发展理念做好碳达峰碳中和工作的意见》、国务院印发的《关于加快建立健全绿色低碳循环发展经济体系的指导意见》《2030 年前碳达峰行动方案》均提出推进 CCUS 技术的大规模研发、示范和产业化应用，完善投资政策，加大对 CCUS 等项目的支持[8]。中国 CCUS 相关政策文件见表 4-2。

表 4-2　中国 CCUS 相关政策文件

发布时间	发布机构	CCUS 政策相关文件	主要内容
2006 年	国务院	《国家中长期科学和技术发展规划纲要（2006—2020 年）》	开发近"零"碳排放的化石能源开发利用技术
2007 年	国家有关部委	《中国应对气候变化科技专项行动》	研发 CCUS 关键技术和措施，制订相关技术路线图并开展工程示范
2008 年	国务院	《中国应对气候变化国家方案》	大力开发和应用 CCUS 技术
2008 年	国务院	《中国应对气候变化的政策与行动（2008）》白皮书	重点研究减缓温室气体排放技术，其中包括 CCS 技术
2009 年	国家有关部委	《中国二氧化碳储存地质潜力调查评价实施纲要》	建立地质储存与适宜性评价方法，启动在鄂尔多斯等地区盐水层碳储存示范
2009 年	国家有关部委	《地质矿产保障工程实施方案（2010—2020 年）》	在全球变化调查监测与评价和地下空间资源调查之中纳入 CO_2 地质储存调查评价
2010 年	国家有关部委	《关于水泥工业节能减排的指导意见》	针对水泥生产行业，开展 CO_2 分离、应用及 CCS 技术的可行性研究
2011 年	国家有关部委	《标准化事业发展"十二五"规划》	加强应对气候变化领域的标准化工作，形成重要标准体系
2011 年	科学技术部	《国家"十二五"科学和技术发展规划》	加强应对气候变化重大战略与政策研究，发展 CCUS 技术
2011 年	科学技术部	《中国碳捕集、利用与封存（CCUS）技术发展路线图研究》	提出我国 CCUS 发展的技术路线图，明确 2015、2020 年及 2030 年分阶段发展目标
2011 年	国务院	《国民经济和社会发展第十二个五年规划纲要》	提高应对气候变化能力，加快低碳技术研发应用
2011 年	国务院	《中国应对气候变化的政策与行动（2011）》白皮书	积极开展 CCUS 技术研究与示范并推动国际合作

发布时间	发布机构	CCUS 政策相关文件	主要内容
2011 年	科学技术部	《中国碳捕集利用与封存技术发展路线图（2019）》	在 2011 版路线图基础上，进一步明晰我国 CCUS 技术战略定位，全面评估发展现状和潜力，提出中远期发展目标和优先方向等内容
2012 年	科学技术部	《洁净煤技术科技发展"十二五"专项规划》	加大 CCS 技术研发，建设 3 万~5 万吨级/年全流程工艺
2012 年	科学技术部	《"十二五"国家应对气候变化科技发展专项规划》	统筹协调、全面推进我国 CCUS 技术的研发与示范
2012 年	国家发展和改革委员会	《煤炭工业发展"十二五"规划》	支持开展 CCUS 技术研究和示范
2012 年	国务院	《"十二五"控制温室气体排放工作方案》	研究自主的 CCUS 技术，在火电、煤化工、水泥和钢铁行业中开展试点示范
2013 年	国家有关部委	《工业领域应对气候变化行动方案（2012—2020 年）》	在化工、水泥、钢铁等行业加快推进 CCUS 一体化示范工程，研发 CO_2，资源化利用的技术和方法，探索适合我国的 CCUS 技术路线图
2013 年	国家有关部委	《关于加强碳捕集、利用和封存试验示范项目环境保护工作的通知》	有效降低和控制 CCUS 全过程可能出现的各类环境影响与风险
2013 年	国家有关部委	《关于石化和化学工业节能减排的指导意见》（工信部节〔2013〕514 号）	在合成氨、甲醇电石、乙烯和新型煤化工等重点碳排放子行业中开展 CCS 的示范项目
2013 年	科学技术部	《2014—2015 年节能减排科技专项行动方案》	突破燃煤电站 CCUS 技术
2013 年	国家发展和改革委员会	《关于推动碳捕集、利用和封存试验示范的通知》	在火电、煤化工、水泥和钢铁行业中开展碳捕集试验建设一体化示范工程，并提供政策支持
2013 年	国务院	《"十二五"国家自主创新能力建设规划》	实施低碳技术创新及产业化示范，加强 CCUS 技术研发和应用
2013 年	国务院	《关于加快发展节能环保产业的意见》	提前部署 CCUS 技术装备
2013 年	国务院	《能源发展"十二五"规划》	开展 400~500MW 级 IGCC 多联产及 CCUS 示范工程
2013 年	国务院	《国家重大科技基础设施建设中长期规划（2012—2030 年）》	探索预研 CCUS 研究设施建设
2014 年	科学技术部	《"十二五"国家应对气候变化科技发展专项规划》	开展 CCUS 关键技术、路线图及相关法律法规研究，围绕发电等重点行业开展综合集成与示范
2014 年	国家发展和改革委员会	《国家重点推广的低碳技术目录（第一批）》	推广 CO_2，的捕集驱油及封存技术（石油、电力行业）、CO_2，捕集生产小苏打技术（化工行业）

续表

发布时间	发布机构	CCUS 政策相关文件	主要内容
2014 年	国家发展和改革委员会	《国家应对气候变化规划（2014—2020 年）》	研发 CCUS 关键技术，积极探索 CO_2 资源化利用，到 2020 年，实施一批 CCUS 示范项目
2014 年	国务院	《2014—2015 年节能减排低碳发展行动方案》	实施 CCUS 示范工作
2015 年	国家发展和改革委员会	《国家重点推广的低碳技术目录（第二批）》	推广低碳低盐无氨氮分离提纯稀土化合物新技术（有色金属行业）半碳法制糖工艺技术（轻工行业）
2015 年	国家发展和改革委员会	《绿色债券发行指引》	引导企业债券融资支持国家重点推广的低碳技术及相关装备的产业化
2015 年	国务院	《中国制造 2025》	开展低碳技术产业化示范
2016 年	国家有关部委	《二氧化碳捕集、利用与封存环境风险评估技术指南（试行）》	规范和指导 CCUS 项目的环境风险评估工作
2016 年	国家有关部委	《工业绿色发展规划（2016—2020 年）》	在化工、水泥、钢铁等行业实施 CCUS 示范，加强 CO_2 在石油开采、塑料制品、食品加工等领域的应用。
2016 年	国家发展和改革委员会	《能源技术革命创新行动计划（2016—2030 年）》	推动 CCUS 技术创新建设百万吨级示范工程，推动全流量的 CCUS 系统在电力、煤炭、化工等系统获得覆盖性、常规性应用
2016 年	国家发展和改革委员会	《电力发展"十三五"规划》	研究碳捕捉与封存和资源化利用技术，适时开展应用示范
2016 年	国家发展和改革委员会	《煤炭工业发展"十三五"规划》	开展燃煤 CCUS 关键技术攻关
2016 年	国家发展和改革委员会	《能源生产和消费革命战略（2016—2030）》	深入研究经济性全收集全处理的 CCUS 技术并开展试点
2016 年	国务院	《国民经济和社会发展第十三个五年规划纲要》	积极应对全球气候变化，加大低碳技术和产品推广应用力度
2016 年	国务院	《"十三五"国家科技创新规划》	加快燃煤 CCUS 关键技术研发，开展百万吨的规模化示范
2016 年	国务院	《"十三五"控制温室气体排放工作方案》	推进煤化工等工业领域 CCUS 试点示范，并做好环境风险评价完善相关法律法规和标准体系，研究制定有关标准
2016 年	国务院	《"十三五"国家战略性新兴产业发展规划》	支持 CCUS 技术研发与应用，发展碳循环产业，在有条件的区域，建设碳捕集综合应用设施
2017 年	科学技术部	《节能减排与低碳技术成果转化推广清单（第二批）》	推广低碳低盐无氨氮稀土氧化物高效清洁制备技术（稀土冶炼分离行业）

发布时间	发布机构	CCUS 政策相关文件	主要内容
2017 年	科学技术部	《"十三五"国家社会发展科技创新规划》	开展大规模低成本 CCUS 关键技术研发及全流程示范，建立 CCUS 与可再生能源、储能技术等多系统集成的新型利用技术系统，建设前沿技术创新平台
2017 年	科学技术部	《"十三五"应对气候变化科技创新专项规划》	推进大规模低成本 CCUS 技术研发与应用示范，从捕集、管道输送、资源化利用、封存技术集成等环节做出具体安排
2018 年	国家有关部委	国家标准《烟气二氧化碳捕集纯化工程设计标准》	发布《烟气二氧化碳捕集纯化工程设计 GB/T 51316—2018》
2019 年	国家发展和改革委员会	《鼓励外商投资产业目录（2019 年版）》	鼓励外商在碳捕集等技术服务领域投资
2020 年	国家有关部委	《关于促进应对气候变化投融资的指导意见》	明确气候投融资支持开展 CCUS 试点示范
2021 年	国家有关部委	《绿色债券支持项目目录（2021 年版）》	明确绿色债权支持 CCUS 工程建设和运营
2021 年	国家有关部委	《关于请报送二氧化碳捕集利用与封存（CCUS）项目有关情况的通知》	报送投入运营、在建和拟于"十四五"期间开工建设的 CCUS 项目情况
2021 年	生态环境部	《国家中长期科学和技术发展规划纲要（2006—2020 年）》	有序推动规模化、全链条 CCUS 示范工程建设
2021 年	生态环境部	《中国应对气候变化的政策与行动白皮书》	对有条件的地区、企业鼓励探索实施减污降碳协同治理和 CCUS 工程试点、示范
2021 年	生态环境部	《中国应对气候变化国家方案》	探索开展规模化、全链条 CCUS 试验示范工程建设
2021 年	国务院	《关于加快建立健全绿色低碳循环发展经济体系的指导意见》	开展 CCUS 试验示范，推动能源体系绿色低碳转型
2021 年	国务院	《国民经济和社会发展第十四个五年规划和 2035 年远景目标纲要》	积极应对气候变化，建设性参与和引领应对气候变化国际合作，落实 2030 年国家自主贡献目标
2021 年	中共中央、国务院	《关于完整准确全面贯彻新发展理念做好碳达峰碳中和工作的意见》	对指导和统筹碳达峰碳中和工作起到了纲领性的作用
2021 年	国务院	《2030 年前碳达峰行动方案》	将碳达峰贯穿于经济社会发展全过程和各方面，重点实施"碳达峰十大行动"
2021 年	生态环境部	《关于加强高耗能、高排放建设项目生态环境源头防控的指导意见》	对高耗能、高排放项目加强严格审批，推进行业减污降碳协同控制

续表

发布时间	发布机构	CCUS 政策相关文件	主要内容
2021 年	工业和信息化部	《"十四五"工业绿色发展规划》	推进降碳技术，包括 CO_2 驱油的推广应用
2021 年	生态环境部	《关于统筹和加强应对气候变化与生态环境保护相关工作的指导意见》	从法律法规、标准体系、环境经济政策、减污降碳协同、适应气候变化与生态保护修复协同等 5 个方面，明确了推动法规政策统筹融合的工作任务
2021 年	国家能源部	《"十四五"能源领域科技创新规划》	突破陆相沉积低渗透油藏 CO_2 驱油提高采收率工程配套技术，开展低渗透油田 CO_2 驱油工业化示范
2022 年	教育部	《高等学校碳中和科技创新行动计划》	推进碳中和相关人才培养，开展 CCUS 相关新技术原理研究，加强 CCUS 等碳负排技术创新，研究碳负排技术与减缓和适应气候变化之间的协同关系，引领构建生态安全的负排放技术体系
2022 年	国家有关部委	贯彻实施《国家标准化发展纲要》行动计划	研究制定生态碳汇、碳捕集利用与封存标准，开展碳达峰碳中和标准化试点
2022 年	国家有关部委	《工业领域碳达峰实施方案》	突破推广碳捕集利用封存等关键核心技术，推动构建以企业为主体、产学研协作、上下游协同的低碳零碳负碳技术创新体系
2022 年	国家能源局	《能源碳达峰碳中和标准化提升行动计划》	依托重点 CCUS 项目，有序开展 CCUS、CO_2 管道输送、循环降碳等技术标准研制和示范
2022 年	国家有关部委	《科技支撑碳达峰碳中和实施方案（2022—2030 年）》	聚焦 CCUS 技术的全生命周期能效提升和成本降低，着眼长远加大 CCUS 与清洁能源融合的工程技术研发，开展矿化封存、陆上和海洋地质封存技术研究
2022 年	国家有关部委	《"十四五"生态环境领域科技创新专项规划》	开展 CCUS 关键技术研发与示范，基于 CCUS 的负排放技术研发与示范、碳封存潜力评估及源汇匹配研究，海洋咸水层、陆地含油地层等封存技术示范，百万吨级大规模碳捕集与封存区域示范，以及工业行业 CCUS 全产业链集成示范，建成中国 CCUS 集群化评价应用示范平台
2022 年	国家有关部委	《关于加快建立统一规范的碳排放统计核算体系实施方案》	提出了包括区域、行业、产品、清单在内的碳排放统计核算方法体系，为形成体系完备、方法统一、形式规范的碳排放核算体系奠定了良好基础
2022 年	教育部	《加强碳达峰碳中和高等教育人才培养体系建设工作方案》	加快碳捕集、利用与封存相关人才培养，为未来技术攻坚和产业提质扩能储备人才力量

第二节　中国 CCUS 政策体系发展方向

政府是 CCUS 项目的主要监管主体。中国想要实现快速部署 CCUS 项目，就必须消除技术壁垒，制定支持性的法律和监管模式。目前，中国还未出台专门针对 CCUS 技术的法律法规，对 CCUS 技术的运输、封存以及泄漏风险对环境的影响一般参照现有的相关法律。在 CCUS 技术的发展过程中，国家层面应该出台针对性的法律法规，为规范和促进 CCUS 技术的发展提供必要的支撑，同时进行有效的监管。CCUS 涉及捕集、运输、利用和封存阶段等多个环节，目前在基础方法、技术推广、项目建设与管理、监测、风险管理等多个环节尚无相关标准可以遵循，严重影响了 CCUS 技术的推广应用[41-43]。

因此对于中国 CCUS 政策体系提出以下几点建议：

（1）通过短时间构建 CCUS 法律框架，在现有的政策基础上完善制定 CCUS 相关产业试行政策法规，例如封储用地选址和使用方法、开发利用计划模板、台账管理制度、环境治理任务和资金保障、生态补偿办法与标准、生态环境监测目标、风险预警机制、应急事故处理计划和安全事故责任认定与追责（包括跨界责任认定）等，一方面为项目建设和运营提供约束和依据，另一方面为其提供法律依据经验，从而使 CCUS 技术的发展合法化。

（2）通过示范项目的经验，将首先发布社会团体标准、地方标准和行业标准，使企业在 CO_2 捕集模式、捕集纯度、利用模式、管网设计、管道输送能力、储存位置和密封方式等方面有法可依，最终形成国家标准，从而规范 CCUS 技术的发展；建立项目审批和许可制度，明确项目申请门槛，将技术全过程涉及的内容整合到同一监管平台，并将许可制度贯穿整个项目周期，以规范 CCUS 技术的发展。

（3）参照美国《45Q 法案》等许多发达国家颁布的激励政策，考虑中国的切实情况，制定条理清晰的优惠推进政策，例如优先投放建设用地指标、财政补贴专项基金、税费减免（所得税、增值税、设备购置税等）和多样化贷款融资渠道等，从而降低成本，减轻企业负担，促进 CCUS 技术的商业化发展[42-48]。

▶▶ 参考文献 ◀◀

[1] 黄莹，廖翠萍，赵黛青．中国碳捕集、利用与封存立法和监管体系研究［J］．气候变化研究进展，2016，12（4）：348-54.

[2] 赵震宇，姚舜，杨朔鹏，等．"双碳"目标下：中国 CCUS 发展现状、存在问题及建议［J］．环境科学，2023，44（2）：1128-1138.

[3] 魏凤，李小春，刘玫，等．CCS 国际标准化进展剖析及对我国的启示［J］．科技管理研究，2014，34（6）：201-205.

[4] Global CCS Institute. The global status of CCS：2014［R］. Canberra，2014.

[5] 何璇，黄莹，廖翠萍．国外 CCS 政策法规体系的形成及对我国的启示［J］．新能源进展，2014，2（2）：157-63.

[6] U.S. Government. Scale act［EB/OL］. Washington DC，2021.

[7] Global CCS Institute. The global status of CCS：2022［R］. Canberra，2022.

[8] 姜睿．国内外 CCUS 项目现状分析及展望［J］．安全、健康和环境，2022，22（4）：1-4，21.

[9] 秦阿宁，吴晓燕，李娜娜，等．国际碳捕集、利用与封存（CCUS）技术发展战略与技术布局分析［J］．科学观察，2022，17（4）：29-37.

[10] U.S. Senate. Inflation Reduction Act［EB/OL］. Washington DC，2022.

[11] U.S. Department of Energy. Secretary granholm launches carbon negative earthshots to remove gigatons of carbon pollution from the air by 2050［EB/OL］. Washington DC，2021.

[12] 甘满光，张力为，李小春，等．欧洲 CCUS 技术发展现状及对我国的启示［J］．热力发电，2023，52（4）：1-13.

[13] 张晓暄．二氧化碳捕集与封存的国际法律制度研究［D］．青岛：中国海洋大学，2013.

[14] 尤荻．欧盟跨境能源基础设施治理组织结构与机制［J］．中外能源，2021，26（1）：15-21.

[15] 乔英俊，黄海霞，姜玲玲．发达国家碳中和主要行动及对我国的启示［J］．石油科技论坛，2022，41（1）：38-49.

[16] 彭斯震．国内外碳捕集、利用与封存（CCUS）项目开展及相关政策发展［J］．低碳世界，2013（1）：18-21.

[17] 仲平，彭斯震，张九天，等．发达国家碳捕集、利用与封存技术及其启示［J］．中国人口·资源与环境，2012，22（4）：25-8.

[18] 屈满学．欧盟碳边境调节机制及其对我国经济和贸易的影响［J］．西北师大学报（社会科学版），2023，60（5）：105-13.

[19] European Commission. Carbon Border Adjustment Mechanism［EB/OL］. Brussels，2023.

[20] 康京涛，荣真真．双碳目标下碳捕集与封存的立法规制：欧盟方案与中国路径［J］．德国研究，2022，37（5）：61-79，115.

[21] 郭敏晓，蔡闻佳 . 全球碳捕捉、利用和封存技术的发展现状及相关政策 [J]. 中国能源，2013，35（3）：39-42.

[22] European Commission. Horizon Europe [EB/OL]. Brussels, 2021.

[23] Global CCS Institude. The global status of CCS：2020 [R]. Canberra, 2020.

[24] UK Parliament. Energy act 2008 [EB/OL]. London, 2008.

[25] UK Parliament. Energy act 2011 [EB/OL]. London, 2011.

[26] UK Parliament. Energy act 2013 [EB/OL]. London, 2013.

[27] UK Parliament. Energy act 2010 [EB/OL]. London, 2010.

[28] Global CCS Institude. The global status of CCS：2018 [R]. Canberra, 2018.

[29] 张翼燕 . 英国 "绿色工业革命" 十点计划 [J]. 科技中国，2021，283（4）：93-5.

[30] Environment and Climate Change Canada. A Healthy Environment and a Healthy Economy：Canada's strengthened climate plan to create jobs and support people, communities and the planet [EB/OL]. Ottawa, 2020.

[31] Government of Canada. 2030 emissions reduction plan [EB/OL]. Ottawa, 2022.

[32] Global CCS Institude. The global status of CCS：2021 [R]. Canberra, 2021.

[33] Government of Canada. Budget 2021：A healthy environment for a healthy economy [EB/OL]. Ottawa, 2021.

[34] Government of Canada. Budget 2022：A plan to grow our economy and make our life more affordable [EB/OL]. Ottawa, 2022.

[35] 韩力，谢辉，李治 . 碳捕获利用与封存技术发展探究 [J]. 建材发展导向，2020，18（4）：57-59.

[36] 吴何来，李汪繁，丁先 . "双碳" 目标下我国碳捕集、利用与封存政策分析及建议 [J]. 电力建设，2022，43（4）：28-37.

[37] Department of Industry Science Energy and Resources. Technology investment roadmap：first low emissions technology statement in 2020 [EB/OL]. Canberra, 2020.

[38] 贾子奕，刘卓，张力小，等 . 中国碳捕集、利用与封存技术发展与展望 [J]. 中国环境管理，2022，14（6）：81-87.

[39] 李琦，刘桂臻，李小春，等 . 多维度视角下 CO_2 捕集利用与封存技术的代际演变与预设 [J]. 工程科学与技术，2022，54（1）：157-166.

[40] 黄晶，马乔，史明威，等 . 碳中和视角下 CCUS 技术发展进程及对策建议 [J]. 环境影响评价，2022，44（1）：7-42.

[41] 王灿，孙若水，张九天 . 中国实现碳中和的支撑技术与路径 [J]. 中国经济学人，2021，16（5）：32-70.

[42] 邢力仁，武正弯，张若玉 . CCUS 产业发展现状与前景分析 [J]. 国际石油经济，2021，29（8）：99-105.

［43］张九天，张璐.面向碳中和目标的碳捕集、利用与封存发展初步探讨［J］.热力发电，2021，50
（1）：1-6.

［44］赵荣钦，丁明磊，黄贤金.中国碳捕集、利用与封存技术的政策体系研究［J］.国土资源科技
管理，2013，30（3）：116-122.

［45］秦积舜，李永亮，吴德彬，等.CCUS 全球进展与中国对策建议［J］.油气地质与采收率，2020，
27（1）：20-28.

［46］张贤.碳中和目标下中国碳捕集利用与封存技术应用前景［J］.可持续发展经济导刊，2020
（12）：4-22.

［47］张贤，李凯，马乔，等.碳中和目标下 CCUS 技术发展定位与展望［J］.中国人口·资源与环境，
2021，31（9）：29-33.

［48］张贤，李阳，马乔，等.我国碳捕集利用与封存技术发展研究［J］.中国工程科学，2021，23
（6）：70-80.

第五章 石油企业 CCUS 规划设计

CCUS 规划方案包括指导思想、部署原则、潜力评价、源汇匹配、发展目标、支撑工程和保障措施等方面。本章在阐述我国 CCUS 规划设计指导思想的基础上，提出了规划方案基本原则、源汇匹配优化的理论和算法、以及相关规划理论的应用情况，重点介绍了 CO_2 潜力评价和源汇匹配的理论。

第一节 CCUS 规划原则与内容

一、CCUS 规划设计的原则

CCUS 作为一项有望实现化石能源大规模低碳利用与深度减排的关键技术，是控制温室气体排放和控制气候变化，实现人类社会可持续发展的重要选择。石油企业在采油过程中对于地下储油构造已有比较清晰的认识，注入工程所需的地面设施也已相当配套，能够降低碳封存成本。国内外实践均已证明，CO_2 驱油技术应用可显著延长适宜油田或者油藏的寿命，注 CO_2 对于低渗透油藏大幅度增产和提高采收率、页岩油和致密油提高动用率和采收率确实有明显效果，石油企业也确有大量使用 CO_2 的实际需求。因此，在合适的资源配置条件下，进行 CCUS-EOR 推广应用具有特别的技术优势。我国 CCUS-EOR 技术应用主要在松辽盆地、鄂尔多斯盆地、准噶尔盆地、渤海湾盆地、苏北盆地等。主要是中国石油、中国石化和陕西延长石油和中国海油等骨干企业实施的。

CCUS-EOR 大型项目是系统工程，项目投资和运行成本较高，对企业的效益影响很大，这是普通的企业难以承担的。因此，规划设计 CCUS-EOR 技术发展路径，通常是大型企业才能有的行为。为了全面地、稳妥地推进 CCUS 业务发展，不论是一个集团公司还是地区公司，都需要根据主客观条件，整体规划设计适合自身的 CCUS 发展战略路径。

CCUS-EOR 发展战略规划可以定义为油田企业根据自身总体发展战略而制定的 CCUS 业务的具体的发展战略部署，它是直接指导企业在发展各项业务时对 CCUS 业务发展的指导性文件，CCUS 发展规划的制定具有很强的谋略性。CCUS 业务发展需以新时代中国特色社会主义思想为指导，深入贯彻习近平生态文明思想，立足新发展阶段，贯彻新发展理念，构建新发展格局，坚持系统观念，处理好发展和减排、整体和局部、短期和中长期的关系，以经济社会发展全面绿色转型为引领，以能源绿色低碳发展为关键，加快形成节约资源和保护环境的产业结构、生产方式、生活方式、空间格局，坚定不移走生态优先、绿色低碳的高质量发展道路，如期实现"双碳"目标。

为了以科学规划引领绿色低碳发展，为逐步有计划地实现预期的业务发展目标，CCUS 规划设计需要遵守一定的原则。

1. 遵守国家宪法、法律和属地法规

国内一切 CCUS 发展规划及其实施，都是以中华人民共和国公民为主体完成的，规划设计全过程和规划内容都必须遵守中华人民共和国宪法和法律，保守国家秘密，爱护公共财产，遵守劳动纪律，遵守公共秩序，尊重社会公德；坚持科学民主，遵循法律法规规定的权限和程序，而不能从一开始就制定逾越法律法规的战略规划，特别是要洞悉与规划内容相关的属地法律法规的内容和要求，以避免在后期实施中陷入被动和无效。同时，要全面清理企业现行法规中与碳达峰碳中和工作不相适应的内容，加强规定之间的衔接协调，增强相关规定的针对性和有效性。

2. 贯彻国家碳达峰碳中和目标的具体政策指示，落实具体实现路径

中国力争 2030 年前实现碳达峰，2060 年前实现碳中和。这一原则就是为了确保某个大型集团公司或地区公司的碳排放在 2030 年前实现达峰，在 2060 年前实现中和。本原则要求确定了 CO_2 的注入量被一个大的框架所约束。还需要

坚持统筹兼顾，加强 CCUS 与其他规划之间的衔接协调；实现以人为本，全面、协调、可持续的发展。坚持从实际出发，遵循自然规律、经济规律和社会发展规律。为完整、准确、全面贯彻新发展理念，做好碳达峰碳中和工作，中共中央、国务院于 2021 年 10 月 24 日发布了《关于完整准确全面贯彻新发展理念做好碳达峰碳中和工作的意见》。企业 CCUS 规划设计需要充分学懂贯彻这个指导性意见，将碳达峰碳中和目标要求全面融入经济社会发展中长期规划，强化国家发展规划、国土空间规划、专项规划、区域规划和地方规划的支撑保障。加强各级各类规划间衔接协调，确保各地区各领域落实碳达峰碳中和的主要目标、发展方向、重大政策、重大工程等协调一致。大力推动节能减排，全面推进清洁生产，加快发展循环经济，加强资源综合利用，不断提升绿色低碳发展水平。扩大绿色低碳产品供给和消费，倡导绿色低碳生活方式。把绿色低碳发展纳入国民教育体系。开展绿色低碳社会行动示范创建。凝聚全社会共识，加快形成全民参与的良好格局。

3. 努力实现 CCUS 驱油与埋存平衡协调发展

大型 CCUS-EOR 项目对企业效益影响大，油价长期走势又不乐观，在国家没有出台强制碳减排政策，特别是 CCUS 相关的支持政策还不明确的情况下，避免激进推动建设。我国提出要强化碳捕集埋存（CCS）与利用（U）的融合发展，即优先发展 CCUS 技术应用，而不是纯粹的地质封存，促进产业化发展。CCUS-EOR 必须坚持注碳是为了产油，兼顾埋存，而不是埋存与驱油并重，更不是埋存高于驱油。

4. 以效益最大或最小代价实现确定的注入目标

CCUS 规划通常涉及多个源多个汇，并在诸多源汇之间，通过优化连接源汇的管道，以固定投资和后期一定时期的累积运行维护成本之和最低，或效益最大为目标。坚持市场化方向，充分发挥市场配置资源的基础性作用。要把节约能源资源放在首位，实行全面节约战略，持续降低单位产出能源资源消耗和碳排放，提高投入产出效率，从源头和入口形成有效的碳排放控制阀门。

因为复杂问题本身通常存在着紊乱无序、相互抵制的内外因素。在处理综合性的事务时，需要从一系列可能的策略中寻求最优策略的方式方法。运用科学的手段进行决策，通过最优化过程实现的方法就叫做最优化方法。最优化理论是采用模型化的方法找出对象问题最优解的策略方法，它旨在谋求生产者利益最大化和消费者效益最大化。最优化理论有严谨的理论结构体系，以数学的手段来解决实际问题，根据各个系统体系的实际情况，找寻最佳的优化途径和方法，帮助决策者做出科学的决策，即在一定约束条件下，使源汇系统具有所期待的最优功能的组织过程；从众多可能的选择中作出最优选择，使系统的目标函数在约束条件下达到最大或最小。CCUS 规划要坚持应用最优化理论和方法实现规划研究的主要结果，即确定多个源汇之间的主要管道路径，以及确定最优的每年的注入量、埋存量和产油量，还有每年要启动哪些源和汇，并实现最优匹配。源汇匹配无论采取哪种最优化理论和方法，都应遵循局部效应服从整体效应，坚持目标、方案、模型、评价到决策，每个因素都存在优化问题。特别是对系统运行过程的多阶段的逐级优化，是系统整体优化的保证。但 CCUS 规划又不仅仅是数学问题，还与源汇本身的性质和生产指标变化服从的客观规律有密切联系。需要建立多种约束下的 CCUS 系统规划的数学模型具有重大价值。

5. 根据各油田 CCUS 发展阶段差异化部署

自 2006 年提出 CCUS 概念以来，吉林油田与中国石油勘探开发勘探院一道，联合承担了 CCUS 方向的"863 计划""973 计划"和国家科技重大专项，经过 15 年集中力量持续攻关，在配套技术、规模试验、工程经验、低成本开发方面取得长足进展，创新发展的陆相油藏 CCUS-EOR 全流程技术体系整体并达到国际水平，部分实现领跑。中国石油 CCUS-EOR 已进入工业化应用阶段，建立了多个 CCUS-EOR 示范工程，如吉林油田和大庆油田的 CO_2 注入水平是长庆油田的 10 倍，实际问题研究能力、工程实施经验和气驱油藏管理经验也远远领先于其他油田。松辽盆地吉林油田和大庆油田的 CCUS-EOR 技术已进入工业化推广阶段；而鄂尔多斯、准噶尔和渤海湾等盆地 CCUS 还处于先导试验阶段；中西部油区的相关技术人才队伍都不能保障，不可能一蹴而就跨入大规模应用阶段。各油田所处的技术阶段不同，决定了 CCUS-EOR 产业规划的发展目标和主要任务不可能都相同。要持续优化 CCUS 重大基础设施和公共资源布局，构建有利于石油企业碳达峰碳中和的新格局。在京津冀协同发展、长江经济带发展、粤港澳大湾区建设、长三角一体化发展、黄河流域生态保护和高质量发展等区域重大战略实施中，强化导向和任务要求。

6. 坚持产业发展与科技创新相结合

CCUS-EOR 是碳捕集、利用与封存体系中专用于强化采油的技术，包括了碳捕集、输送、驱油与埋存全流程，是"双碳"目标和提高石油采收率的重要技术途径。油藏上，像鄂尔多斯盆地油藏带裂缝油藏气驱技术有待进一步攻关研究，包括大幅度提高 CO_2 波及与长效埋存、井控风险防控等问题，都有待突破。地面工程方案重点对总体技术路线、碳捕集、输送、注入、集输处理、循环注气、地面腐蚀防护等进行设计。如何进一步降低成本。监测方案要考虑全流程 CO_2 逸散和有组织排放监测，要进行全流程能耗监测分析，开展 CCUS-EOR 项目碳排放量测算，如何建立碳排放量测算方法学并获得国内接受和应用。注采工程设计如何考虑深度埋存阶段的生产井封井条件，以及如何维护百年千年安全埋存下的井筒完整性都有一些问题需要研究突破。技术进步必将带来产业发展质量的提高，某个技术环节的重大技术突破，有可能带来规划目标和内容的变更，要在技术创新中修正产业规划，也要在产业发展中注重技术创新，二者是相互促进的过程。

7. 优先减排企业内部的碳排放

CO_2 对于低渗透油藏增产提高采收率、页岩油 / 致密油提高动用率和采收率确实效果明显，公司确有大量使用 CO_2 的需求。根据行业内外动向，在国家没有明确下达埋存指标的情况下，油田企业宜根据 CO_2 驱油业务实际需要，以经济性为约束，适当提高 CO_2 注入量，而不必过大幅度提高注入量，可以极大节约购碳费用。在同等效益下优先减排内部碳排放，有必要启动建设公司内部碳源的碳捕集工程和管道输送工程。与外部联合建设规模 CCUS-EOR 项目要慎重。但若外部的碳价比较低，经济性有保证，从增加原油产量和提高采收率角度考虑，并且 CCUS 项目全流程都在某一省域内，则可以考虑投资建设。

二、CCUS-EOR 规划方案主要内容

CCUS-EOR 规划方案主要内容包括规划方案的篇章结构、具体技术内容，源汇资源要素的配置与产业技术发展目标。下面以中国石油吉林油田 CCUS-EOR 规划方案为例进行介绍。

1. 规划方案的篇章结构

1）前言

前言主要是交代清楚开展 CCUS 规划的目的和背景，以及石油企业为规划编制所做的具体工作。例如：国家主席习近平在第七十五届联合国大会一般性辩论会上提出的中国力争 2030 年实现碳达峰，努力争取 2060 年实现碳中和（以下简称"3060 目标"）。中国石油作为国有骨干能源企业主动担当，提出了绿色低碳发展战略，制定了碳达峰碳中和具体目标和路径。为支撑公司绿色低碳转型并实现"双碳"目标，通过梳理公司碳排放现状，分析碳减排潜力与路径，考虑各油田 CCUS 技术发展阶段，制定了《中国石油 CCUS-EOR 规划部署》。

2）规划编制工作基础

（1）基本情况。CO_2 驱发展历程要把国内外情况简单说明。比如：国外以美国为代表的 CO_2 驱油技术趋于成熟，已形成千万吨级产量规模，技术经济有效，并在不断发展完善。国内 1965 年在大庆油田首次开展了小井距单井组碳酸水试注试验，开始探索 CO_2 驱油技术，1991 年开展了国内第一个 CO_2 驱先导试验，因气源制约等问题发展滞后；进入 21 世纪后，加快了研发与应用步伐。

CO₂ 采油项目概况要说明油田企业共计开展 CO₂ 采油项目数，其中驱替项目多少，混相驱项目几个、非混相驱项目几个。累计注入多少万吨，累计产油多少万吨，换油率多高（注多少 t CO₂ 才能换采 1t 油）。

分油田概况及典型项目要说明重点油田和重点项目的介绍，可以介绍取得的具体经验，发现的 CO₂ 驱油与埋存新机理，形成的配套技术、取得的实践成果、CCUS 生产实践中得到的重要认识。

（2）取得的主要成果。主要介绍 CCUS-EOR 模式、CO₂ 混相驱理论认识、CCUS-EOR 配套技术、具备的碳捕集工程建设情况、CCUS-EOR 潜力评价以及资源潜力（包括驱油与埋存潜力）[1-2]。

（3）存在的主要问题。碳源性质与供给的现状、中长期变化趋势；气驱油藏开发的能力建设现状与发展节奏；国家 / 集团公司碳政策现状与趋势。

3）具体规划内容

规模部署 CCUS-EOR 工业化应用，协同企业碳达峰碳中和路径。

（1）指导思想。通常以新时代新发展理念为指导，以市场为导向、效益为中心，围绕中国石油天然气集团有限公司（以下简称集团公司）高质量发展"十四五"总体部署，提升油气业务发展质量、支撑集团公司绿色低碳转型。

（2）部署原则。全面贯彻习近平主席碳达峰碳中和的"3060目标"指示精神，扎实落实集团公司绿色低碳发展战略和具体实现路径，努力实现 CCUS 驱油与埋存平衡协调发展，根据各油田 CCUS 发展阶段差异化部署，优先减排集团公司内部碳源。

（3）总体部署。主要包括近期规划、中期规划、长远期规划。一般地，近期规划主要是近 5 年的 CCUS-EOR 产业规划部署，中期规划是 5~10 年的 CCUS-EOR 产业规划部署，长期规划是 10~20 年的 CCUS-EOR 产业规划部署，远期规划是 20 年以上的 CCUS-EOR 产业规划部署。

近期规划是必须具体的，发展目标必须是可靠基本可实现的，还需要有具体的项目为依托；中期规划的发展目标也得是比较可靠的，对各油区有相应的任务分配，也要有控制性工程项目；长远期规划需要有清晰的目标，能够多措并举配合实现集团公司的碳中和目标。

（4）保障措施。主要是从组织保障、气源保障和资金保障等方面提出保障规划能够实施的具体建议。比如成立领导小组、上下游协调对接碳源供销、设置 CCUS-EOR 专项资金等。

2. 规划方案的技术内容

战略规划是指依据企业或业务内外部条件分析结果，通过一定的步骤和方法制定的，用以明确企业 CCUS 业务发展起点、发展方向，关键时间节点的发展目标，如何实现与里程碑或者骨干工程、资源需求与保障等重要问题，是集团公司或油田企业 CCUS 业务发展的指导性文件。战略规划制定方法为通过外部因素分析，了解宏观环境和市场及行业环境，分析企业内部能力，在综合分析内外部环境后，明确战略方向及市场定位，辨析自身资源特点和优劣点，提供企业未来明确的目标及方向，据此制定整体发展规划。

经过以下步骤进行战略规划方案的编制：

一是准备参数、确定评价指标。参数包括技术性参数（如产量剖面、注入量、埋存量等），还包括经济性参数（如油价、贴现率、税率等）；评价指标包括实物量指标（如累计产量）和价值量指标（如净现值等）。

二是建立评价模型。根据业务单元级次和评价目的，建立最优化模型，用于资源的优化配置。

三是构建情景模式。分析企业或产业发展过程中可能的变化因素，并确定关键因素作为情景要素，按这些要素在时间序列中发生的可能性进行组合，形成战略规划的情景模式框架。

四是数学模型求解。使用已准备的技术、经济参数和建立的评价模型，计算出评价指标及所需的结果。确定多个源汇之间的主要管道路径；确定最优化的每年的注入量、埋存量和产油量；确定每年要启动哪些油藏以匹配碳源，或启动哪些碳源满足注入需要。

五是整合形成规划方案。按照已确定的规划指标，对不同业务单元进行不同情景下的评价或优化，再将其放入情景模式中，按阶段性及局部与整体利益兼顾的原则进行整合，形成总体战略规划方案。

3. 规划模型求解方法

战略规划方案编制方法有多种，所采用的方法因规划的行业特点不同而异。对于 CO_2 捕集与埋存这种产业的规划，其规划因级次（如总公司级、分公司级）和规划内容的特点，在规划编制中可采用以下两种方法。

运筹学方法：主要为数学规划的方法。这种方法是指在一定的约束条件下，为达到预定的目标，充分协调各种资源之间的关系，以便最有效、最经济地利用资源。具体实施步骤主要包括建立适合规划特点的数学模型；确定目标函数；设计约束条件；求解模型，得到的最优解，据此制定规划。

整体综合法：是在系统分析的基础上，对规划的各构成部分及各主要因素进行全面平衡，以求系统整体化的一种方法。整体综合法把任何一项规划都看成一个整体，它不追求局部和单项指标的最优化，而是追求整体功能的最佳发挥。

以上为战略规划一般性方法和内容的概述，具体可根据行业特点及相关信息资源的状况来确定分析的内容及采用的方法，下一节将针对 CCUS 产业特点列述有关的一般内容和方法。

■ 第二节　CCUS 源汇规划理论与方法 ■

CCUS 战略规划方案的编制过程中，数学模型的建立与求解，主要是通过已有技术和经济参数建立最优化模型，优化碳源和油藏的年度匹配、多个源汇之间的主要管道路径，并获得最优年注入量、埋存量和产油量。这一过程主要采用源汇匹配规划的相关理论和方法来完成。

一、源汇匹配规划的数学模型

CCUS 系统源汇的匹配，是指在给定边界的 CCUS 系统内，按照一定的原则以 CO_2 封存量最大、成本最低或利用效益最高为目标，将 CO_2 排放源所收集到的 CO_2 注入可供选择的封存汇进行利用或永久性封存，以达到减少 CO_2 排放的目的[3]。在一个区域内，同时存在多个碳排放源与封存汇，每个源具有不同的碳排放量，每个汇也有不同的碳封存容量，并且捕获或封存 CO_2 所需的成本也不尽相同。同时，各个源汇间距离不同故运输成本也不同。因此，源汇匹配的核心问题就是：如何选择合适的源汇进行匹配连接，以实现一定碳减排量下总成本最小化或效益最大化。

目前文献中关于源汇匹配的研究，主要包括静态的管网优化[4]和注采优化[5]，以及动态的管网建设过程优化[6]。前者（静态优化）在数学上属于混合整数规划模型，后者（动态优化）属于多阶段动态决策的动态规划问题，需要分开进行讨论和研究。

1. 混合整数规划模型

给定一个 CCUS 系统，假设在该系统区域内有 M 个不同规模的排放源和 N 个不同类型的封存汇，在保证 CO_2 封存量最大化的前提下，需要将排放源排放的 CO_2 注入封存汇，以达到减排 CO_2 的目的，并且需要满足一个排放源只能在某一时间段内匹配一个封存汇，其所匹配的封存汇至少能容纳该排放源未来 Z 年的 CO_2 排放量。记第 i 个排放源每年的 CO_2 排放量为 a_i（$1 \leqslant i \leqslant M$），封存汇 j 的容量为 b_j（$1 \leqslant j \leqslant N$），如果排放源 i 与封存汇 j 进行匹配，其发生的总成本费用为 c_{ij}，这里的 c_{ij} 为：从排放源 j 安装 CO_2 收集设备开始一直到将 CO_2 注入地下封存汇 j 的整个过程中所发生的各种成本，如果封存汇为油气田或煤气层，则该成本还包括封存汇的最终产品收益。现在需要寻找在保证 CO_2 封存量最大的情况下，使得所有源与汇匹配总成本最小的匹配方法。此时，CCUS 源汇匹配的数学模型为：

$$\min\left(\sum_{j=1}^{N+1}\sum_{i=1}^{M}c_{ij}x_{ij}\right)$$

s.t.

$$\begin{cases} \sum_{i=1}^{M}Za_ix_{ij}\leqslant b_j & \forall i\in\{1,2,\cdots,m\} \\ \sum_{j=1}^{N+1}x_{ij}=1 & \forall j\in\{1,2,\cdots,n,n+1\} \\ X_{ij}\in\{0,1\} & 1\leqslant i\leqslant M,1\leqslant j\leqslant N+1 \end{cases}$$

$$c_{ij}=\left(\sum_{i=0}^{T_1}C_{1ij}+\sum_{t=0}^{T_2}C_{2ij}\right)(1+r)^{-t}$$

式中　C_{1ij}——CCUS 系统建设和运行不重复发生的成本部分，主要指 CCUS 系统的收集设备投资、压缩设备投资、管道输送设备投资、注入井和回收井投资等，元 /（10^6t·a）;

　　　C_{2ij}——CCUS 系统建设和运行中的每年都要重复发生的成本部分，主要指 CO_2 的收集成本、压缩成本、输送成本、注入成本以及各初始投资部分的运营维护成本等，元 /（10^6t·a）;

　　　T_1——CCUS 项目的建设期，a;

　　　T_2——CCUS 项目的运行期，a;

　　　r——项目的基准年折现率，在本书取 8%。

上述模型是一个 0—1 多背包优化问题，其决策变量 x_{ij} 表示物体和背包的关系，x_{ij}=1 表示物体 i（第 i 个源）属于背包 j（第 j 个汇），反之 x_{ij}=0 表示物体 i 不属于背包。这类问题属于特殊的整数规划问题，如果在模型中继续增加额外的连续型决策变量（如注采气量等），该模型又会转化为混合整数规划模型。

整数规划，或者离散优化（Discrete Optimization），是指数学规划（Math Programming）问题中自变量约束为整数的一类问题。与一般规划问题中的可行域（可行解组成的集合）不同，整数规划的可行域是离散的。

以线性规划为例，如图 5-1 所示，一条蓝线代表一个线性不等式，但是这里自变量 x 和 y 被约束成整数变量，因此可行域变成了红线区域内的 9 个离散的黑点（线性规划的可行域是蓝色线段内部所有的区域）。

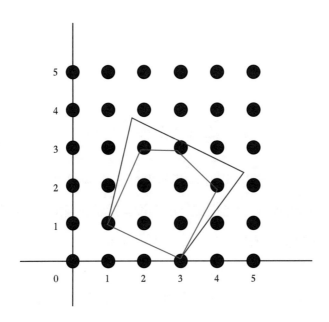

图 5-1　线性规划可行域

混合整数规划（Mixed Integer Programming，MIP）是指自变量既有整数也有连续变量。

如图 5-2 所示，这里自变量 x 是连续的，y 被约束成整数变量 $\{0, 1, \cdots, n\}$，这时候可行域变成了 4 条离散的橘黄色线段加上 4 处的黄色整数点（0，4）。

混合整数规划由于可行域是非凸的（Nonconvex），因此也可以看作是一类特殊的非凸优化（Nonconvex Optimization）问题。一般情况下，求解混合整数规划的精确解（全局最优）是 NP（非确定性多项式）难的，或者简单地说，只存在指数级杂度的求解算法（Exponential Time Solvable）。因此对混合整数规划问题，往往是退而求其次求近似解或局部最优解。

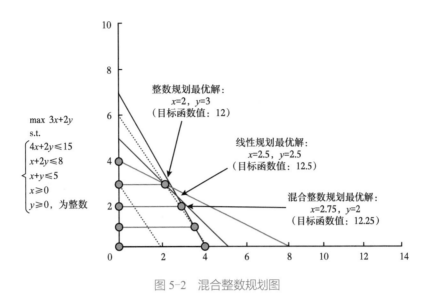

图 5-2 混合整数规划图

2. 动态规划模型

CCUS 系统中的 CO_2 排放源与封存汇往往不在同一区域，中间需要有较长的管道运输环节将两者连接起来，合理地规划运输管道的布局及流量，达到最佳的源汇匹配，可有效提高管道利用率、降低项目成本。CCUS 系统作为大型基础设施，受到资金限制，其管网往往需要分阶段进行建设，需要考虑在何时建设实现最优化。这种多阶段最优决策问题，其数学模型一般是动态规划问题。图 5-3 所示为多阶段决策问题流程图。

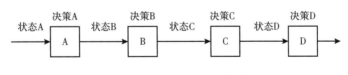

图 5-3 多阶段决策问题流程图

1）动态规划的基本概念

动态规划（Dynamic Programming，DP）是解决多阶段决策过程的一种有效方法。多阶段决策过程是指一类特殊的活动过程，它可以按时间顺序分解成若干相互联系的阶段，在每个阶段都要做出决策，该活动过程的所有决策会形成一个决策序列，所以多阶段决策过程也称为序贯决策过程。这种问题就称为多阶段决策问题。

动态规划方法的基本思想是：将问题的过程分成几个相互联系的阶段，通过恰当地选取变量（包括状态变量及决策变量）并定义最优值函数，把一个大问题转化成一组同类型的子问题。从边界条件开始，逐段递推寻优，在每一个子问题的求解中，均利用了它前面的子问题的最优化结果，最后一个子问题所得的最优解，就是整个问题的最优解。动态规划方法是既把当前一个阶段与未来各个阶段分开，又把当前效益和未来效益结合起来考虑的一种最优化方法。因此，每个阶段的最优策略的选取都是从全局考虑的，它与该阶段的最优选择是不同的。

（1）阶段。为便于求解，常把一个问题的整个活动过程根据时间和空间等自然因素划分成相互联系的若干阶段。通过逐步分析求解这几个阶段，最终得到最优解。描述阶段的变量称为阶段变量。多数情况下，阶段变量是离散的，用 k 表示。此外，也有阶段变量是连续的情形。如果过程可以在任何时刻做出决策，且在任意两个不同的时刻之间允许有无穷多个决策时，阶段变量就是连续的。

阶段的划分，一般是根据时间和空间的自然特征来进行的，但要便于问题转化为多阶段决策。

（2）状态。一个阶段的过程在开始时所面临的自然状况或客观条件，称为这个阶段过程的状态。描述过程状态的变量称为状态变量。常用 x_k 或 s_k 表示第 k 阶段的某一状态，也用数字、字母等表示。状态变量可以是离散的，或者是连续的。实际问题中，动态规划应用的成败，通常取决于适当地规定状态变量。当过程按所有可能不同的方式发展时，过程各段的状态变量将在某一确定的范围内取值，用 X_k 表示第 k 阶段的状态变量取值集合。

通常要求状态具有无后效性，即如果给定某一阶段的状态，则在这一阶段以后过程的发展不受这阶段以前各段状态的影响，所有各阶段都确定时，整个过程也就确定了。换句话说，过程的每一次实现可以用一个状态序列表示。这个性质意味着过程的过去历史只能通过当前的状态去影响它的未来的发展。

（3）决策。一个阶段的状态确定以后，从该状态演变到下一阶段的某一状态的一种选择（行动），称为决策。用来描述这种选择（行动）的变量称为决策变量。每一阶段的决策都依赖于该阶段的状态，用 $u_k=u_k(x_k)$ 表示第 k 阶段处于状态 x_k 时的决策变量；决策变量允许选择的范围称为允许决策集合。用 $D_k(x_k)$ 表示第 k 段从 x_k 出发的决策集合，决策过程就是选择 $u_k(x_k) \in D(x_k)$ 的过程。

（4）策略。一个按顺序排列的决策序列称为策略。由过程的第 k 阶段开始到终止状态为止的过程，称为问题的后部子过程（或称为 k 子过程）。从第 k 阶段 $u_k(x_k)$ 到最终第 n 个阶段决策所构成的决策序列，$p_{k,n}(x_k)=\{u_k(x_k), u_{k+1}(x_{k+1}), \cdots, u_n(x_n)\}$ 称为 k 子过程策略，$k=1, 2, \cdots, n$，简称子策略。当 $k=1$ 时，此决策函数序列称为全过程的一个策略，简称策略，记为 $p_{1,n}(x_1)=\{u_1(x_1), u_2(x_2), \cdots, u_n(x_n)\}$，对于每一个实际的多阶段决策过程，可供选取的策略范围，这个范围称为允许策略集合，用 P 表示。允许策略集合中，取得最优效果的（子）策略称为最优（子）策略。策略是在任意阶段做出决策的决策规则的集合，它仅与阶段和在这个阶段过程的状态有关。

（5）状态转移方程。状态转移方程是确定过程由一个状态到另一个状态的演变过程。若给定第 k 阶段状态变量 x_k 的值，该阶段的决策变量 u_k 一经确定，第 $k+1$ 阶段的状态变量 x_{k+1} 的值也就完全确定，即 x_{k+1} 的值随 x_k 和 u_k 的值变化而变化，这种确定的对应关系，记为 $x_{k+1}=T_k(x_k, u_k)$，它描述了由第 k 阶段到第 $k+1$ 阶段的状态转移规律，称为状态转移方程，T_k 称为状态转移函数。

（6）指标函数和最优值函数。

①指标函数。衡量与评价选取的策略、子策略或决策的优劣程度或效果的数量函数，称为指标函数。它是定义在全过程和所有后部子过程上的确定数量函数，常用 V_k 表示。V_k 可以是距离、利润、成本、产量或资源消耗等。

动态规划模型的指标函数应具有可分离性，并满足递推关系，即：

$$V_k\left(x_k,u_k,x_{k+1},u_{k+1},\ldots\right)=V_k\left[x_k,u_k,V_{k+1}\left(x_{k+1},u_{k+1},\ldots\right)\right] \tag{5-1}$$

当初始状态给定时，过程的策略就确定了，因而指标函数也就确定了。因此指标函数是初始状态和策略的函数。如 $V_k\left(x_k,P_{k,n}\right)$ 表示初始状态为 x_k、采用策略为 $P_{k,n}$ 时的后部子过程的效益值。

常见的指标函数形式为求和、求积、取最大最小、取最小最大、取最小等。

求和型指标函数：

$$V_k\left(x_k,u_k,x_{k+1},u_{k+1},\ldots\right)=\sum_{j=k}^{n}v_j\left(x_j,u_j\right) \tag{5-2}$$

其中 $v_j\left(x_j,u_j\right)$ 表示第 j 阶段的指标，此时

$$V_k\left(x_k,u_k,x_{k+1},u_{k+1},\ldots\right)=v_k\left(x_k,u_k\right)+V_{k+1}\left(x_{k+1},u_{k+1},\ldots\right) \tag{5-3}$$

求积型指标函数：

$$V_k\left(x_k,u_k,x_{k+1},u_{k+1},\ldots\right)=\prod_{j=k}^{n}v_j\left(x_j,u_j\right) \tag{5-4}$$

此时 $\quad V_k\left(x_k,u_k,x_{k+1},u_{k+1},\ldots\right)=v_k\left(x_k,u_k\right)V_{k+1}\left(x_{k+1},u_{k+1},\ldots\right) \tag{5-5}$

最小型指标函数：

$$V_k\left(x_k,u_k,x_{k+1},u_{k+1},\ldots\right)=\min_{k\leqslant j\leqslant n}\left\{v_k\left(x_k,u_k\right)\right\} \tag{5-6}$$

此时

$$V_k\left(x_k,u_k,x_{k+1},u_{k+1},\ldots\right)=\min\left\{v_k\left(x_k,u_k\right),V_{k+1}\left(x_{k+1},u_{k+1},\ldots\right)\right\} \tag{5-7}$$

②最优值函数。指标函数的最优值，称为最优值函数，用 $f_k\left(x_k\right)$ 表示：

$$f_k\left(x_k\right)=\operatorname*{opt}_{\{u_k,u_{k+1},\ldots\}}V_k\left(x_k,u_k,\ldots\right) \tag{5-8}$$

其中 opt 可根据具体情况取 max 或 min。

（7）最优策略和最优轨线。

①最优策略。使指标函数 V_k 达到最优值的策略是从 k 开始的后部子过程的最优子策略，记为 $P_{k,n}^*(x_k)=\{u_k^*(x_k),\ u_{k+1}^*(x_{k+1}),\ \cdots,\ u_n^*(x_n)\}$。$P_{1,n}^*(x_1)$ 是全过程的最优策略，简称最优策略。

②最优轨线。从初始状态 $x_1=(x_1^*)$ 出发，决策过程按照 $P_{1,n}^*(x_1)$ 和状态转移方程演变所经历的状态序列$(x_1^*,\ x_2^*,\ \cdots,\ x_n^*)$称为最优轨线。

2）动态规划的基本方程

多阶段的最优化问题可以转化为求解一系列单个阶段决策问题，因此可建立起求解规划的 k 阶段与 $k+1$ 阶段的递推公式，该公式称为基本方程。以逆序递推过程为例，若用 $P_k^*(x_k)$ 表示初始状态为 x_k 的后部子过程所有子策略中的最优子策略，$\oplus$表示某一指标函数，则最优值函数为：

$$f_k(x_k)=V_k\left[x_k,P_k^*(x_k)\right]=\underset{P_k}{\mathrm{opt}}V_k\left[x_k,P_k(x_k)\right] \tag{5-9}$$

而

$$\begin{aligned}\underset{P_k}{\mathrm{opt}}V_k\left[x_k,P_k(x_k)\right]&=\underset{\{u_k,P_{k+1}\}}{\mathrm{opt}}\left\{v_k(x_k,u_k)\oplus V_{k+1}\left[x_{k+1},P_{k+1}(x_{k+1})\right]\right\}\\&=\underset{u_k}{\mathrm{opt}}\left\{v_k(x_k,u_k)\oplus\underset{P_{k+1}}{\mathrm{opt}}V_{k+1}\left[x_{k+1},P_{k+1}(x_{k+1})\right]\right\}\end{aligned} \tag{5-10}$$

则得到：

$$f_k(x_k)=\underset{u_k}{\mathrm{opt}}\left[v_k(x_k,u_k)\oplus f_{k+1}(x_{k+1})\right]$$

如果选取求和型指标函数，则基本方程为：

$$\begin{aligned}&f_k(x_k)=\underset{u_k}{\mathrm{opt}}\left[v_k(x_k,u_k)+f_{k+1}(x_{k+1})\right]\\&f_{n+1}(x_{n+1})=0,\quad k=n,n-1,\cdots,1\end{aligned} \tag{5-11}$$

如果选取求积型指标函数，则基本方程为：

$$\begin{aligned}&f_k(x_k)=\underset{u_k}{\mathrm{opt}}\left[v_k(x_k,u_k)\cdot f_{k+1}(x_{k+1})\right]\\&f_{n+1}(x_{n+1})=1,\quad k=n,n-1,\cdots,1\end{aligned} \tag{5-12}$$

［注意边界条件不同：求和型指标函数的边界条件为 $f_k(x_k)=0$；求积型指标函数的边界条件为 $f_k(x_k)=1$。］

动态规划因为问题的不同一般没有固定形式的求解算法，但是对多阶段决策问题，可以按如下步骤来进行建模：

步骤1，划分阶段。按时间或空间先后顺序，将过程划分为若干相互联系的阶段。

步骤2，选择状态变量 x_k。选择变量既要能确切描述过程演变又要满足无后效性，而且各阶段状态变量的取值能够确定。

步骤3，确定决策变量 u_k 及允许决策集合 $D_k(x_k)$。通常选择所求解问题的关键变量作为决策变量。

步骤4，确定状态转移方程 $x_{k+1}=T_k(x_k, u_k)$。

步骤5，确定阶段指标函数 V_k 和最优指标函数，建立动态规划基本方程。

二、源汇匹配规划的求解算法

CCUS 的源汇匹配规划问题的数学模型可以分为混合整数规划模型和动态规划模型两大类。前者属于 NP-Hard 问题，除了传统的常规算法外，一般使用进化算法来求满意解。而动态规划问题要考虑随阶段变化的决策，可以通过转化为静态的混合整数规划问题来求解。另外，CCUS 涉及的变量和约束条件较多，为了提高求解的计算效率，往往会借助较成熟的求解器软件包，如 Cplex 和 Guorbi 等。

1.混合整数规划模型的求解算法

1）常规算法

（1）分支定界法。

分支定界法是求解整数规划和混合整数规划类问题的一种经典算法。其中包含了分支（Branch）和定界（Bound）两个部分。分支部分的作用是将问题分解为子问题，定界部分的作用是寻找一个松弛过后的最优解，进而判断能否将某分支进行修剪。

以一个简单的背包问题为例：在给定背包容量的约束下实现背包里装的物

品的价值最大化。

$$
\begin{aligned}
\max \quad & 45x_1 + 48x_2 + 35x_3 \\
\text{s.t.} \quad & \\
& \begin{cases} 5x_1 + 6x_2 + 3x_3 \leqslant 10 \\ x_i \in \{0,1\} \quad (i \in 1,2,3) \end{cases}
\end{aligned}
\qquad (5\text{-}13)
$$

上面这个问题中有三种物品可以选择，只有不放入背包和放入背包两种选择，可以用0—1变量来表达。如果不考虑决策变量的取值约束，该问题是一个线性规划问题，对其直接求解相当于将原本的整数变量进行了松弛。在混合整数规划中参照上面的思路，可以在定界的时候对原本限制为整数的变量松弛，得到松弛过后的最优解。

实际的最优解是没有松弛过后的最优解好，即松弛后的最优解是实际的最优解的上界（在背包问题中，目标函数需要最大化）。假如在某一分支松弛过后的最优解仍然没有当前的最优好，代表这一分支可以被舍弃。

（2）割平面法。

割平面法是在混合整数规划中经常会用到的方法，其中割平面有很多种方式。以下面的问题为例，首先对整数变量进行松弛。

$$
\begin{aligned}
\max \quad & x_2 \\
\text{s.t.} \quad & \\
& \begin{cases} 3x_1 + 2x_2 \leqslant 6 \\ -3x_1 + 2x_2 \leqslant 0 \\ x_i \geqslant 0, \ x_i \ \text{integer} \end{cases}
\end{aligned}
\qquad (5\text{-}14)
$$

松弛后的整数规划问题可以看作是一个线性规划问题，使用单纯形法或内点法进行求解。由于求得的解可能不是整数，故松弛后的线性规划问题的解不一定是原问题的解。

这时需要对解空间进行切割（图5-4），增加新的约束条件重新求解。切割需要满足两个条件：

（1）切割后的解空间中不包含上一次线性规划求得的解；

（2）切割没有将满足整数约束的可行解排除。

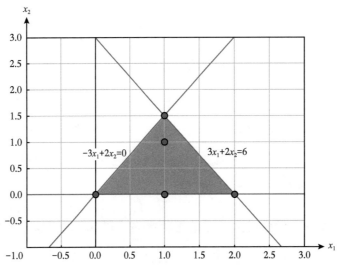

图 5-4　对解空间进行切割示意图

新增加的约束条件的作用是去切割相应松弛问题的可行域，即割去松弛问题的部分非整数解（包括已得到的非整数最优解），而把所有的整数解都保留下来，故称新增加的约束条件为割平面。经过多次切割后，会使保留下来的可行域上有一个坐标值为整数顶点。它恰好是所求问题的整数最优解，即切割后所对应的松弛问题，与原整数规划问题具有相同的最优解。割平面法的关键在于如何寻找适当的切割约束条件（即构造一个割平面），且保证切掉的部分不含有整数解。这类算法收敛速度往往很慢，故很少直接用来求解大规模的整数规划问题。

2）进化算法

CCUS 的源汇匹配规划多属于混合整数规划问题，这类组合优化问题属于 NP-hard 的非凸优化问题，很难在较大规模的情况下快速获取精确解。这类问题的求解思路，一种是提升硬件性能并直接调用商用求解器，另一种思路则是利用启发式算法来获取次优解或满意解。目前使用得较多的启发式算法主要是仿生自然界生物繁衍、捕猎的进化算法，如遗传算法（GA）、粒子群算法（PSO）、蚁群算法（ACO）、差分进化算法（DE）、灰狼优化（GWO）、鲸群优化（WOA）、萤火虫优化（GSO）等。本书选择其中比较有代表性的高效算法进行介绍，有遗传算法、粒子群算法和差分进化算法，其他类型的算法多是这些算法在不同仿生机制下的变体，读者可直接阅读相关参考文献。

（1）遗传算法。

遗传算法（Genetic Algorithm，GA）是模拟生物进化过程中遗传选择和优胜劣汰的计算模型，由美国密歇根大学 J. Holland 教授于 1975 年正式提出并给出了相对系统的理论。作为一种新的全局优化搜索算法，遗传算法具有简单通用、鲁棒性强、适于并行处理等显著特点，被广泛应用于各个领域，并产生了许多变体或改进算法。

遗传算法的基本原理：模仿生物的遗传过程，把问题的解用染色体来表示（在计算机里一般用二进制数进行编码），从而得到一个由具有不同染色体的个体组成的种群。这个种群在问题特定的环境里进行生存竞争，适应度高的有更好的机会生存和产生子代。子代随机地继承了亲代的特征，并在生存环境的控制支配下继续这一过程。种群的染色体都将逐渐适应环境，不断进化，最后收敛到一族最适应环境的类似个体，即得到问题最优的解。

遗传算法计算步骤如下：

步骤 1，选择编码策略，把参数集合（可行解集合）转换成染色体结构空间。

步骤 2，定义适应度函数 $f(x)$。

步骤 3，确定遗传策略，包括选择群体规模 N，选择、交叉、变异方法以及确定交叉概率 P_c、变异概率 P_m 等遗传参数。

步骤 4，随机产生初始化群体 pop（0）。

步骤 5，计算群体中的每个个体 ai 或染色体解码后的适应度值 $f(ai)$。

步骤 6，按照遗传策略，运用选择、交叉和变异算子作用于群体 pop（i），产成下一代群体 pop（i+1）。

步骤 7，判断群体性能是否满足某一指标、或者是否已完成预定的迭代次数 K，若满足，停止运算，输出结果，否则，返回步骤 5，或者修改遗传策略再返回步骤 6。

遗传算法主要涉及 6 大要素：参数编码、初始群体的设定、适应度函数的设计、遗传操作的设计、控制参数的设定和迭代终止条件，每一要素都有很多种不同实现过程，以上给出的仅是标准遗传算法的主要步骤。图 5-5 所示为遗传算法流程图。

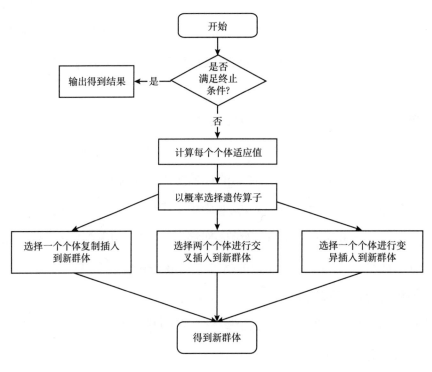

图 5-5　遗传算法流程图

（2）粒子群算法。

粒子群优化算法（Particle Swarm Optimization，PSO）是由美国学者 R. Eberhart 和 J. Kennedy 于 1995 年提出的一种全局优化算法。该算法受飞鸟集群活动的规律性启发，利用群体中的个体对信息的共享，使整个群体的运动在问题求解空间中不断演化而获得最优解。PSO 的算法思路为：初始化为一群随机粒子（随机解），然后通过迭代去靠近最优解；在每一次迭代中，粒子通过跟踪两个"极值"来更新自己：一是粒子本身所找到的最优解，叫做个体极值 p_{best}，另一个是整个种群目前找到的最优解，称为全局极值 g_{best}。

粒子群算法计算步骤如下：

步骤 1，初始化一群微粒（群体规模为 N），包括随机位置和速度；

步骤 2，评价每个微粒的适应度；

步骤 3，对每个微粒，将其适应度与其经过的最好位置 p_{best} 作比较，如果较好，则将其作为当前的最好位置 p_{best}；

步骤 4，对每个微粒，将其适应度与其经过的最好位置 g_{best} 作比较，如果较好，则将其作为当前的最好位置 g_{best}；

步骤 5，根据更新公式调整微粒速度和位置；

步骤 6，判断是否满足终止条件，若满足则终止迭代，输出结果；否则，转步骤 2。

终止条件需根据具体问题来设置，一般可通过最大迭代次数 G_k 或（和）预定最小适应阈值来确定迭代是否终止。算法框图如图 5-6 所示。

（3）差分进化算法。

差分进化算法（Differential Evolution，DE）是由 R.Storn 和 K.Price 在 1995 年为求解 Chebyshev 多项式而提出的一种基于群体的自适应全局优化算法。该算法通过群体内个体之间的相互合作与竞争产生的群体智能来指导优化搜索的方向。其算法思路为：通过采用浮点向量对解进行编码生成种群个体，在 DE 算法寻优的过程中，首先，从父代个体间选择两个个体进行向量做差生成差分向量；其次，选择另外一个个体与差分向量求和生成实验个体；再次，通过对父代个体与相应的实验个体进行交叉操作，生成新的子代个体；最后，在父代个体和子代个体之间进行选择操作，将符合要求的个体保存到下一代群体中去。

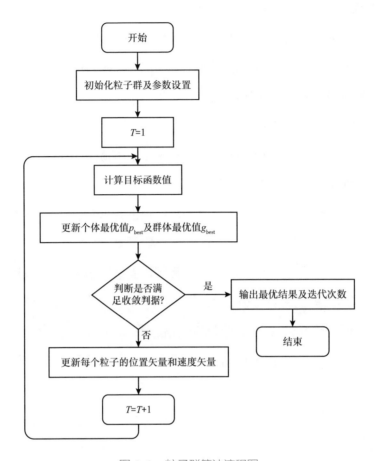

图 5-6　粒子群算法流程图

差分进化算法步骤如下：

步骤 1，确定差分进化算法控制参数，确定适应度函数。差分进化算法控制参数包括：种群大小 NP、缩放因子 F 与杂交概率 CR。

步骤 2，随机产生初始种群。

步骤 3，对初始种群进行评价，即计算初始种群中每个个体的适应度值。

步骤 4，判断是否达到终止条件或进化代数达到最大。若是，则终止进化，将得到最佳个体作为最优解输出；若否，继续。

步骤 5，进行变异和交叉操作，得到中间种群。

步骤 6，在原种群和中间种群中选择个体，得到新一代种群。

步骤 7，进化代数 $g=g+1$，转步骤 4。

差分进化算法流程如图 5-7 所示。

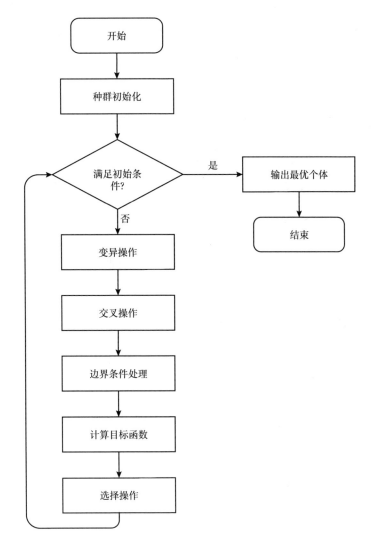

图 5-7　差分进化算法流程图

2. 动态规划模型的多阶段求解算法

1）定期多阶段决策问题的求解算法

根据最优性原理，动态规划的递推方式有逆推和顺推两种形式。这两种形式除了寻优方向不同外，状态转移方程、指标函数的定义和基本方程形式一般也有差异，但并无本质上的区别。下面仅介绍逆序解法（后向动态规划法）：寻优的方向与多阶段决策过程的实际行进方向相反，从最后一个阶段开始计算逐段前推，求得全过程的最优决策。

逆序解法中，当初始状态已知时，状态转移方程为 $x_{k+1}=T_k(x_k, u_k)$，$f_k(x_k)$ 表示第 k 阶段从状态 x_k 出发，到终点后部子过程的最优效益值，$f_1(x_1)$ 是整体最优值。

当指标函数为阶段指标和形式时，基本方程的形式为：

$$\begin{cases} f_k(x_k) = \mathrm{opt}\{v_k(x_k,u_k)+f_{k+1}(x_{k+1})\} \\ f_{n+1}(x_{n+1})=0 \quad k=1,\cdots,n \end{cases} \quad (5\text{-}15)$$

当指标函数为阶段指标积形式时，基本方程的形式为：

$$\begin{cases} f_k(x_k) = \mathrm{opt}\{v_k(x_k,u_k)\cdot f_{k+1}(x_{k+1})\} \\ f_{n+1}(x_{n+1})=1 \quad k=1,\cdots,n \end{cases} \quad (5\text{-}16)$$

利用递推方程，可逐步求得最优指标函数：$f_n(x_n)$，$f_{n-1}(x_{n-1})$，$\cdots$，$f_1(x_1)$。而每一阶段的寻优过程是一维的极值问题。

具体地，设已知初始状态为 x_1，从 x_{n+1} 向前寻找 x_n，有：

第 n 阶段，指标函数的最优值 $f_n(x_n) = \mathrm{opt}_{u_k \in D_n(x_n)} V_n(x_n,u_n)$，此为一维极值问题。设有最优决策 u_n 和状态 x_n 则有最优值 $f_n(x_n)$。

第 $n-1$ 阶段，最优值为 $f_{n-1}(x_{n-1}) = \mathrm{opt}_{u_k}[V_{n-1}(x_{n-1},u_{n-1})\oplus f_n(x_n)]$，其中 $x_n=T_{n-1}(x_{n-1}, u_{n-1})$，解此一维极值问题，得到最优解 $u_{n-1}=u_{n-1}(x_{n-1})$。

如此类推，直到第一阶段，由 $f_1(x_1) = \mathrm{opt}_{u_1}[V_1(x_1,u_1)\oplus f_2(x_2)]$ 得到最优解为 $u_1=u_1(x_1)$，其中 $x_2=T_1(x_1, u_1)$。

上述逆推过程中，逐步求出了极值函数 $f_n(x_n)$，$f_{n-1}(x_{n-1})$，$\cdots$，$f_1(x_1)$ 及相应的决策函数 $u_n(x_n)$，$u_{n-1}(x_{n-1})$，$\cdots$，$u_1(x_1)$。由于初始状态 x_1 已知，按照上述递推过程相反的顺序推算，就可以逐步求出每一阶段的决策和效益。

2）不定期多阶段决策问题的求解算法

前面讨论的多阶段决策过程中，状态 x 经过有限的阶段一定能进入状态集合 X_T，并且它的阶段数是一定的，称为定期多阶段决策问题。而有的决策问题的阶段数是不定的，在从一点到另一点的过程中，路线途经其他多少个点并无限制，其阶段数是由问题的条件和最优指标函数确定的未知数，这样的决策问题称为不定期多阶段决策问题。

考虑如下的最短路径问题，设有 N 个点 x_i（$i=1$，2，$\cdots$，N）。任意两点 x_i 与 x_j 间的距离用 c_{ij} 表示，$0 \leqslant c_{ij} \leqslant +\infty$。$c_{ij}=0$ 表示 x_i 与 x_j 为同一点，如果 x_i 与 x_j 间没有联结，则规定 $c_{ij}=+\infty$。设 x_N 为固定点，求任一点 x_i 到 x_N 的最短距离。该问题的阶段数不定，在解此问题时，可以不考虑回路，因为含有回路的路线一定不是最短路径。

设 $f(x_i)$ 表示由 x_i 点出发至终点 x_N 的最短距离，由最优性原理可得：

$$\begin{cases} f(x_i) = \min_{j}\{c_{ij} + f(x_j)\} & i = 1,2,\cdots,N \\ f(x_N) = 0 \end{cases} \qquad （5\text{-}17）$$

这是最短路径问题中的 Bellman 方程，$f(x_i)$ 是定义在 $x_1,x_2,\cdots,x_N$ 上的函数，因此式（5-17）不是递推公式。从方程表达式可知，要求某点 x_i 到 x_N 的最短距离，需要知道其他各点到 x_N 的最短距离，而这些最短距离也是待求的，所以不能简单地依赖方程用递推方法来求解。利用函数空间迭代法和策略空间迭代法可有效地解决这类问题。

（1）函数空间迭代法。

①基本思想。函数空间迭代法的基本思想是构造一个函数序列 $\{f_k(x_i)\}$ 来逼近最优值函数 $f(x_i)$，$f_k(x_i)$ 表示第 k 次迭代中 x_i 到 x_N 的最短距离。

②函数迭代法的计算步骤。

步骤 1，做初始函数 $f_1(x_i)$ 如下：

$$\begin{cases} f_1(x_i) = c_{iN} & i = 1,2,\cdots,N-1 \\ f_1(x_N) = 0 \end{cases} \qquad （5\text{-}18）$$

步骤2，建立递推关系 $f_k(x_i)$：

$$\begin{cases} f_k(x_i) = \min_j \{c_{ij} + f_{k-1}(x_j)\} & i = 1, 2, \cdots, N \\ f_k(x_N) = 0 \end{cases} \tag{5-19}$$

步骤3，反复迭代步骤2，直到 $f_k(x_i) = f_{k+1}(x_i) = \cdots = f(x_i)$ 为止，$i = 1, 2, \cdots, N$。

算法中 $f_k(x_i)$ 的意义十分直观，表示由 x_i 出发，至多走 k 步（即经过其他点）到达 x_N 的最短路线。因为不考虑回路，所以算法的迭代次数一定不超过 $n-1$。

函数迭代法计算流程如图5-8所示。

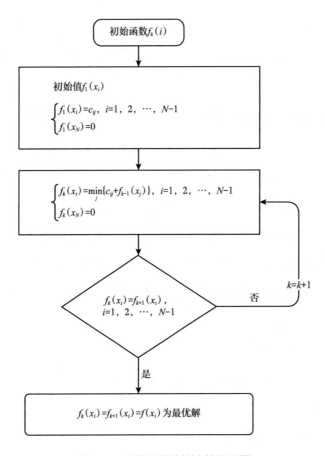

图 5-8　函数迭代法的计算流程图

（2）策略空间迭代法。

①基本思想。策略空间迭代法的基本思想是：给定状态 x_i 时，首先选择一

组初始策略 $\{u_1(x_i)\}$，然后按某种迭代方式求得新策略 $\{u_2(x_i)\},\{u_3(x_i)\},\cdots$，直到最终求出最优策略。

若给定一组初始策略 $\{u_1(x_i)\}$，将构成一组多阶段状态 $\{x_{1,i}\}$。若从某个点 k 出发，按照某个策略走若干步后又回到 k，则称这个策略是有回路的。

②策略空间迭代法的计算步骤。

步骤 1，选取一无回路的初始策略 $u_1(x_i)$，$i=1，2，\cdots，N$。$u_1(x_i)$ 表示由 i 点到达的下个点的策略，令 $k=1$。

步骤 2，由策略 $u_k(x_i)$ 求指标函数 $f_k(x_i)$，即方程组：

$$\begin{cases} f_k(x_i) = c_{i,u_k(x_i)} + f_k(u_k(x_i)) & i=1,2,\cdots,N-1 \\ f_k(x_N) = 0 \end{cases} \qquad (5\text{-}20)$$

解出 $f_k(x_i)$，其中 $c_{i,u_k(x_i)}$ 已知。

步骤 3，由指标函数 $f_k(x_i)$ 求下一次迭代的新策略 $\{u_{k+1}(x_i)\}$，其中 $\{u_{k+1}(x_i)\}$ 是

$$\min_u\{c_{i,u} + f_k(u)\} \qquad (5\text{-}21)$$

的解，令 $k=k+1$。

步骤 4，按步骤 2 和步骤 3 反复迭代，可逐次求得 $\{u_k(x_i)\}$，$\{f_k(x_i)\}$。直到对所有 i，$\{u_k(x_i)\}=u_{k-1}(x_i)$ 成立，则 $\{u_k(x_i)\}$ 就是最优策略，其相应的 $\{f_k(x_i)\}$ 为最优值。

策略空间迭代法中，每次迭代主要分为求值和求改善策略两步。求 $f_k(x_i)$ 的式（5-20），它是一个含 n 个未知数的代数方程。当 n 较大时，求解很困难。因此，就每次迭代来说，策略迭代法要比函数迭代法复杂，计算量也大。但是策略迭代法所需的迭代次数往往少于函数迭代法。特别是当对实际问题已有较多经验时，可以选一个较好的初始策略，这时用策略迭代法所需要的迭代次数很少。

策略空间迭代法计算流程如图 5-9 所示。

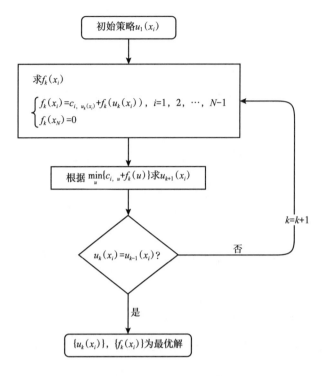

图 5-9　策略空间迭代法的计算流程图

　　总的来说，CCUS 是一个系统工程，涉及化工、电力、交通、地质勘探等诸多领域，地区跨度大、成本高，需要根据不同目的建立静态或动态优化的数学模型，并利用前面的方法来进行求解，以获得最优决策方案。

　　清华大学核能与新能源技术研究院在 CCUS 源汇匹配方面做了许多研究，开发并完善了源汇匹配系统 China CCUS DSS。利用基于源汇匹配的数学优化方法和高级建模系统（General Algebraic Modeling System，GAMS）进行模型构建，并采用求解器 CPLEX 求最优解，实现了单阶段静态[4-5]及多阶段动态规划[5]。

　　同时，中国矿业大学的相关研究人员[6]，考虑多种约束和目标，建立了"双碳"目标下的 CCUS 项目源汇匹配模型。这是为了解决宏观层面 CCUS 项目最优布局问题。通过输入模型需要的实际参数，对 CCUS 项目源汇匹配进行优化，得到"双碳"目标下中国 CCUS 项目的布局方案以及所需的最低减排成本。

文献 [6] 中建立的数学模型大部分为多目标优化模型，其求解需要考虑不同偏好下目标函数的标量化。

在石油企业中的 CCUS 是指将工业排放源中的 CO_2 捕集后注入油藏驱替原油，提高石油采收率，同时将 CO_2 永久埋存在油藏地质体中。CO_2 驱油技术原油增产收益可以提供持续的现金流，因此被视为目前最具经济竞争力的 CCUS 技术。吉林油田作为示范区，基于油藏驱油潜力和油田 CO_2 驱注气的阶段开发特点，以油田可承受 CO_2 极限成本为约束条件，以 CCUS 商业化项目的总成本现值最小为优化目标，建立了工业 CO_2 排放源与具有效益开发潜力油藏的 CCUS 源汇匹配评价流程和相关指标计算方法。将 CCUS 全生命周期划分为 6 个阶段，完成了燃煤电厂（碳源地）与油田区块间管道布局和 CO_2 注入井的接替（分阶段）注采规划，为 CCUS-EOR 探明了方向 [7]。

另一方面，我国页岩气勘探有利区基本上处于或邻近水资源缺乏、环境脆弱的地区，很难具备水力压裂技术所需要水资源条件。因此，无水压裂技术开始越来越受到关注，尤其是超临界二氧化碳压裂技术，被认为未来规模化开发页岩气最具潜力的压裂技术之一。超临界二氧化碳压裂技术是指以超临界二氧化碳流体作为压裂液的压裂增产工艺。2014 年 9 月 15 日，吉林油田顺利完成了目前我国最大规模 CO_2 无水蓄能压裂作业，为我国页岩气的开发提供了技术指导。若能进一步将工业产生的 CO_2 捕集起来并应用于页岩气开发，可以实现 CO_2 减排与资源化利用，取得经济和环境的双重效益 [8]。

利用 CO_2 进行页岩气无水压裂时所需要考虑的各类源汇匹配问题，包括碳源与气藏的年度匹配、源汇之间的管道路径或运输优化，以及 CO_2- 页岩气的注采优化问题。除了在开发动态分析、成本收益折算上有所差别外，页岩气无水压裂的 CCUS 源汇匹配问题与油田的 CCUS 源汇匹配问题并无本质差异。因此，前文所述的 CCUS 源汇匹配数学模型、求解算法等均可移植到利用 CO_2 进行页岩气无水压裂的源汇匹配问题中去。CO_2 无水压裂技术成熟后，将为我国的碳中和目标增加新的 CCUS 方向，对我国 CO_2 减排和页岩气开采都具有重要的意义。

▶▶ 参考文献 ◀◀

[1] 王高峰，秦积舜，孙伟善.碳捕集、利用与封存案例分析及产业发展建议.北京：化学工业出版社，2020.

[2] 胡永乐，郝明强，陈国利.注二氧化碳提高采收率技术.北京：化学工业出版社，2018.

[3] 李永，陈文颖，刘嘉.二氧化碳收集与封存的源汇匹配模型[J].清华大学学报（自然科学版），2009，49（6）：910-912，916.

[4] 孙亮，陈文颖.中国大陆 CCUS 源汇静态匹配管网布局[J].清华大学学报（自然科学版），2015，55（6）：678-683.

[5] 孙亮，陈文颖.基于 GAMS 的 CCS 源汇匹配管网优化模型[J].清华大学学报（自然科学版），2013，53（1）：111-116，421-426.

[6] 王蓬涛.碳捕集利用与封存项目源汇匹配方法及其应用研究[D].中国矿业大学（北京），2021.

[7] 汪芳，秦积舜，周体尧，等.基于油藏 CO_2 驱油潜力的 CCUS 源汇匹配方法[J].环境工程，2019，37（2）：51-56.

[8] 邵明攀，徐文青，郭旸旸，等.页岩气藏与无水压裂介质 CO_2 源汇匹配研究[J].洁净煤技术，2016，22（6）：116-122.

第六章　石油工业 CCUS 发展展望

CCUS 涉及领域多、范围广，CO_2 用途极其广泛，应充分结合落实国家"双碳"目标和石油工业未来发展，超前谋划相关产业布局，积极开展配套技术研发攻关，发展形成推动低碳绿色转型发展 CCUS 全产业链技术体系和工业体系。

第一节　CCUS 发展方向

石油工业 CCUS 发展方向，业界大致公认的有三种：

一是地质利用。比如，CCUS-EOR 是当前最主要的地质利用方式，需持续巩固和扩大。还有，EGR（Enhanced Gas Recovery，即强化天然气开采）、ESGR（Enhanced Shale Gas Recovery，即强化页岩气开采）、EWR（Enhanced Water Recovery，即强化咸水开采）、EGS（Enhanced Geothermal Systems，即增强地热开采）、EGBM（Enhanced Goal Bed Methane Recovery，即强化煤层气开采）和铀矿地浸开采。

加大天然气 / 页岩气强化开采（EGR/ESGR）的推广应用力度，逐步替代常规水力压裂，既可显著提高储层压力和单井产气量，又可降低施工用水需求和地下水污染风险，还可开辟 CO_2 规模埋存新路径。开展强化咸水开采（EWR）先导试验，不仅可规模埋存 CO_2，而且可将采出的咸水及盐矿副产品处理后用于工农业生产和生活饮水，对我国西部水资源缺乏地区具有深远的战略意义[1-4]。在增强地热开采（EGS）方面加以利用，提高净热提取效率。

二是化工利用。一般可分为：（1）化工材料类（合成异氰酸酯 / 聚氨酯，制备聚碳酸酯 / 聚酯材料，制备乙烯基聚酯，制备聚丁二酸乙二醇脂）；（2）化工能源类（重整制备合成气，制备液体燃料）；（3）有机化学品类（加氢合成甲醇，加氢合成甲烷，合成碳酸二甲酯，合成甲酸）；（4）无机化学品类（钢渣、石膏、钾长石等矿化利用）。

从化工产品看，我国基本化工原料的对外依存度仍然较高，石化产业基本原料的不足仍然是影响我国石化行业竞争力的重要因素之一[5]。"减油增化"是石化企业发展大势所趋。

从长远发展看，应充分利用炼化企业、相关高校及科研机构在有机化学、精准合成、催化材料等领域的产研融合优势，加大基础研究支持力度，推动 CO_2 定向精准高效转化，既逐步实现生产过程降碳低碳，又形成高附加值、绿色清洁的化工产品体系。

三是生物利用。主要包括：转化为食品和饲料、转化为生物肥料、转化为化学品和生物燃料、气肥利用等。

生物利用是 CO_2 利用重要的发展方向，目前虽然发展较慢、规模较小，但不能忽视随着科技进步和行业需求，生物利用 CO_2 或将大有作为。

四是耦合利用。构建一个从 CO_2 捕集、运输到驱油、埋存全产业链的过程，就是CCUS-EOR与炼化、煤电等企业捕集自身排放的 CO_2 进行耦合利用的过程。从较长一个时期看，CCUS 这种耦合利用将是最主要的方式，只是相关企业可能拓展为水泥企业和钢铁企业等高排放企业。无论从集团内部讲，还是从油田所处区域讲，都是碳循环经济体新模式。

第二节 CCUS 发展建议

我国 CCUS 正处于工业化示范阶段，与发达国家相比，存在研发周期长、投资规模大、运营成本高、整体效益低等问题，特别是部分关键技术落后于国际先进水平，仅靠企业自身驱动难以短时间内实现 CCUS 规模化、产业化发展。需从顶层设计、技术攻关、产业链示范、基础设施布局、政策法规等 5 个方面加快 CCUS 全产业链发展。

（1）加强 CCUS 产业顶层设计。

国家层面尽快确定面向碳中和目标的 CCUS 总体规划和发展路径，研判火电企业、钢铁企业、水泥企业、石化企业、化工企业等重点排放企业减排需求以及 BECCS（Bio Energy with Carbon Capture and Storage，即生物质能碳捕集与封存）和 DACCS（Direct Air Carbon Capture and Storage，即直接空气碳捕集与封存）的减排贡献，探索 CO_2 加氢转化为甲烷、甲醇等燃料的利用路径，将 CCUS 技术研发、源汇匹配、输送管网、跨行业工程应用、政策法规等产业发展关键因素统筹协调起来，全面构建政府引导、市场主导、企业参与、示范先行的工作格局，明确各环节的时间表、路线图和任务书。

（2）加强关键核心技术攻关。

将 CCUS 技术研发纳入国家科技计划和产业发展规划，有效整合政府部门、企业、高校和研究机构资源，创新协调联动、合作共建、成果共享机制，围绕低浓度 CO_2 捕集、CO_2 驱油驱气提高采收率等工业化利用、地质封存、碳汇计量等关键环节，探索设立专项资金支持开展核心技术攻关，同时探索 CCUS 技术标准、规范体系和知识产权研究与保护，建立 CO_2 大规模排放源数据库和源汇匹配信息系统，加强 CCUS 技术信息集成与资源共享推动 CCUS 全产业链技术提升，尽快赶超国际先进水平。

（3）推动 CCUS 产业链示范及商业化应用。

①整合上下游产业链，搭建研发实验室和大规模工业示范桥梁，推动相关企业对关键共性技术的联合攻关和大规模全流程 CCUS 示范工程建设。选择资源条件良好、源汇匹配、技术成熟、地方政府态度积极的地区，积极有序开展CCUS 全链条产业示范区建设，特别是早期示范项目优先采用高浓度排放源与强化石油开采相结合的方式，加大国家多示范项目的财政支持力度，并配套多方面激励政策，支持能源化工等行业 CCUS 产业示范区建设，加速推进 CCUS产业化集群建设，逐步将 CCUS 技术纳入能源、矿业的绿色发展技术支撑体系及战略性新兴产业序列。②将 CCUS 项目列为公益性项目，畅通项目审批通道，

简化审批流程。建立 CCUS 成本、效益和责任分担机制，由国家出面将 CCUS 全产业链带来的责权利在各个环节及各企业部门间进行合理分担分配，突破行业壁垒，推动关键共性技术、前沿技术联合攻关、知识产权整合及工程建设，促进全产业链 CCUS 项目多产业有效协作及多产业链模式的建立。

（4）加快 CCUS 管网规划布局和集群基础设施建设。

①加大相关基础设施投入，在排放源较为集中的区域，开展 CCUS 集群建设，不断形成新的 CCUS 产业促进中心，推动 CCUS 技术与不同碳排放领域与行业的耦合集成。②加大 CO_2 输送与封存等的基础设施投资力度与建设规模，注重已有资源优化整合，推动现有装置设备改良升级，形成多个 CO_2 传输枢纽。③优化基础设施管理水平，建立 CO_2 汇集、压缩、脱水和运输合作共享机制，利用管网和封存基础设施的复用共用，带动形成以管网设施和封存场地为基础的区域 CCUS 产业促进中心。

（5）完善财税激励政策和法律法规体系。

①参考新能源产业发展路径，探索制定适合国情、面向碳中和目标的 CCUS 税收优惠和补贴激励政策，对利用和封存 CO_2 项目实施税收减免或碳减排补贴。比如，特别收益金起征点提高到 75 美元以上，对低渗透、特低渗透、致密与深层复杂油气藏等低品位储量在开发初期的 3~5 年内免征特别收益金；减免超低渗透、致密油油藏开发所得税，减免低品位边际储量税率；参照美国 43 法案，减免三次采油项目税收；对采用水平井技术开采的特低渗透与致密油气产量，按尾矿政策减免各种税费；参照美国《45Q 法案》，制定有利于 CO_2 驱油与埋存的补贴政策，制定 CCUS 全产业链碳减排权益的分配机制；制定支持 CCUS 产业的金融政策，包括财政补贴、信贷财政贴息、建立风险补偿金等。②把 CCUS 纳入碳交易市场，完善绿色金融产品创新和融资渠道，通过发行绿色债券、碳排放权期货、绿色资产支持证券，引导投资机构加大投资力度。③建立以政府公共财政融资、信贷融资、风险投资基金和信托基金、国际融资为核心的多元投融资体系，形成良好 CCUS 金融生态，促进 CCUS 产业良性发

展。④设置 CCUS 示范项目基金，给予使用 CCUS 技术的企业补贴电价，将配置 CCUS 技术的煤电作为"绿电"给予其他低碳电力同等的市场机制及政策激励。⑤制定完善 CCUS 行业规范、制度法规框架体系及技术规范并形成统一行业标准，修订能源、节能、可再生能源、循环经济、环保等相关法律法规，保持各领域政策与行动一致性，形成协同效应，对 CCUS 产业发展产生助推作用。⑥加强 CCUS 专门立法，建立覆盖 CCUS 产业捕集、输送、地质封存、监测评价、减排核查、交易全生命周期管理等环节的标准规范体系及管理制度。⑦制定 CCUS 研发示范项目监管条例和行业规范，明确研发示范项目责任主体和监管、审批主体，建立行业与政府之间的联合协调机制。

>> 参考文献 >>

[1] 李琦，魏亚妮. 中国沉积盆地深部 CO_2 地质封存联合咸水开采容量评估 [J]. 南水北调与水利科技，2013，11（4）：93-96.

[2] 李琦，魏亚妮. 二氧化碳地质封存联合深部咸水层开采技术进展 [J]. 科技导报，2013，31（27）：65-70.

[3] LI Q，WEI Y N，LIU G Z，et al. CO_2-EWR：A cleaner solution for coal chemical industry in China[J]. Journal of Cleaner Production，2015，103：330-337.

[4] HUNTER K，BIELICKI J M，MIDDLETON R，et al.Integrated CO_2 storage and brine extraction[R]. Lausanne：3th International Conference on Greenhouse Gas Control Technologies，2016.

[5] 北京大学能源研究院. 中国石化行业碳达峰碳减排路径研究报告 [R]. 北京：北京大学能源研究院，2022：2-3.

附 录

ACES	美国清洁能源和安全法案
AOC	常压富氧燃烧技术
ARRA	美国复苏与再投资法案
BECCS	生物质能碳捕集与封存
CBAM	欧盟碳边境调节机制
CAA	清洁空气法
CCS	二氧化碳捕集与封存
CCTP	美国气候变化技术计划
CCU	二氧化碳捕集与利用
CCUS	二氧化碳捕集利用与封存
CEADs	中国碳核算数据库
CO_2-ECBM	二氧化碳驱替煤层气
CO_2-EGR	二氧化碳强化天然气开采
CO_2-EGS	二氧化碳增强型地热系统
CO_2-EOR	二氧化碳强化石油开采
CO_2-ESGR	二氧化碳强化页岩气开采
CO_2-EWR	二氧化碳强化咸水开采
CSLF	碳领导人论坛
CWA	清洁水法
DAC	直接空气碳捕集

DACCS	直接空气碳捕集与封存
EERP	欧洲经济复苏计划
EPA	美国环保局
EU-ETS	欧盟碳交易市场
GCCSI	全球碳捕集与封存研究院
GDP	国内生产总值
IEA	国际能源署
IGCC	整体煤气化联合循环发电
IPCC	联合国政府间气候变化专门委员会
IRENA	国际可再生能源机构
kW·h	千瓦时
LCFS	低碳燃料标准
MWe	兆瓦电功率
MW_{th}	兆瓦热功率
POC	增压富氧燃烧技术
SET	欧盟战略能源技术计划
US-DOE	美国能源部
VSP	垂直地震剖面